大学应用数学学习指导

主　编　王　雪　郭　芸　周陈焱
副主编　王　珏　覃文平　陈　云

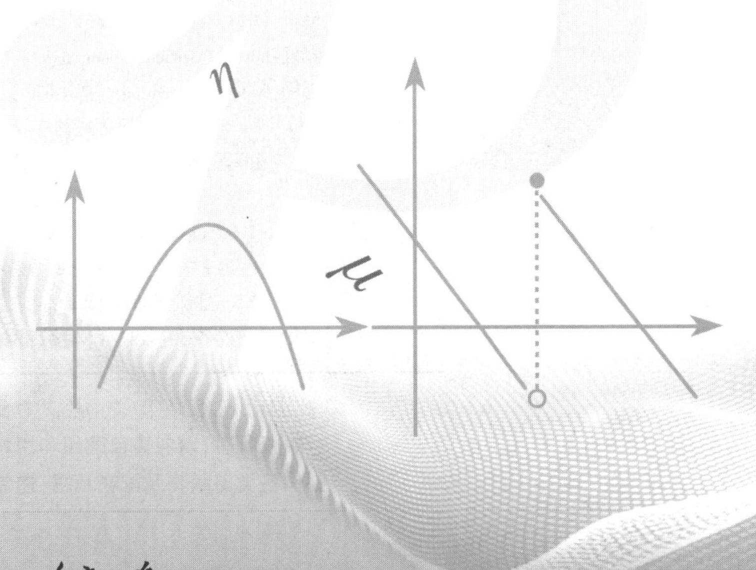

重庆大学出版社

内容提要

本书共9章,包括函数与极限、导数与微分、积分及其应用、多元函数微积分、无穷级数、线性代数初步、线性规划初步、概率初步、数理统计初步;每章包含“本章归纳与总结”“典型例题解析”“本章测试题及解答”3个栏目。

本书可作为高职高专院校各专业的配套教材,也可供相关人员参考。

图书在版编目(CIP)数据

大学应用数学学习指导/王雪,郭芸,周陈焱主编.—重庆:重庆大学出版社,2022.2(2024.8重印)

ISBN 978-7-5689-3127-4

Ⅰ.①大… Ⅱ.①王… ②郭… ③周… Ⅲ.①应用数学—高等学校—教学参考资料 Ⅳ.①O29

中国版本图书馆CIP数据核字(2022)第015069号

大学应用数学学习指导

主 编 王 雪 郭 芸 周陈焱

副主编 王 珏 覃文平 陈 云

策划编辑:杨粮菊

责任编辑:谭 敏 版式设计:杨粮菊

责任校对:刘志刚 责任印制:张 策

*

重庆大学出版社出版发行

出版人:陈晓阳

社址:重庆市沙坪坝区大学城西路21号

邮编:401331

电话:(023)88617190 88617185(中小学)

传真:(023)88617186 88617166

网址:http://www.cqup.com.cn

邮箱:fxk@cqup.com.cn(营销中心)

全国新华书店经销

重庆新荟雅科技有限公司印刷

*

开本:787mm×1092mm 1/16 印张:9.75 字数:246千

2022年2月第1版 2024年8月第4次印刷

印数:7 001—8 500

ISBN 978-7-5689-3127-4 定价:39.80元

前言

本书是《大学应用数学》教材的配套辅导书，主要面向使用该教材的学生，也可供使用该教材的教师教学参考使用。本书的编写顺序与《大学应用数学》的章节顺序一致，强调通过知识讲解提高学生的数学素养，突出数学思想的介绍和数学方法的应用。

本书在编写过程中，认真研究总结全国高职高专教学教改的经验，结合当前高职高专数学课程改革的实际，并充分考虑高职高专教育的特点，将每章内容分为“本章归纳与总结”“典型例题解析”“本章测试题及解答”3 个栏目。其中，“本章归纳与总结”列出了本章学习的知识要点以及本章的重点和难点；“典型例题解析”选编了覆盖本章知识点的典型例题，难度切合学生实际；“本章测试题及解答”有 1 套本章测试题及参考答案，可供学生进行自我检测。

本书由王雪、郭芸、周陈焱担任主编，粟勤农、覃文平、陈云担任副主编，李琦、黄长琴、王珏、孙旭东、葛中泽等老师参与了编写，全书由刘明忠统稿并主审。

本书参考了国内众多院校教师编写的相关教材和书籍，在此表示感谢；同时感谢武汉交通职业学院、武汉城市职业学院、鄂州职业大学、湖北三峡职业技术学院、湖北孝感美珈职业学院等学校领导对教材编写、出版的支持！

由于编者水平及经验有限，书中疏漏之处在所难免，恳请专家和读者批评指正。

编　者

2021 年 6 月

目录

第 1 章 函数与极限

本章归纳与总结

一、内容提要

本章主要介绍函数的概念、分类、性质、函数的极限、数列的极限、极限的运算、连续函数的定义、间断点的定义及分类、连续函数的性质及应用等内容.

1. 函数的相关知识

(1)基本初等函数.

常数函数、幂函数、指数函数、对数函数、三角函数、反三角函数统称为基本初等函数.

①常数函数. 函数值为恒定的值,不随自变量取值的变化而改变,图像是一条平行于 x 轴的直线,定义域为全体实数. 如 $y=2$,$y=100$ 等.

②幂函数. 形如 $y=x$,$y=x^2$,$y=x^{-3}$,$y=x^{\frac{1}{2}}$,通常记为 $y=x^{\alpha}$. 特点是底数为变量,指数为常数. 当 $\alpha>0$,$x>0$ 时,幂函数 $y=x^{\alpha}$ 为单调递增的函数;当 $\alpha<0$,$x>0$ 时,幂函数 $y=x^{\alpha}$ 为单调递减的函数.

注意 根式与幂函数之间的转换:$y=\sqrt[m]{x^n}=x^{\frac{n}{m}}$,如 $y=\sqrt[3]{x^2}$ 可以化为 $y=x^{\frac{2}{3}}$;幂次为正的幂函数的分式形式与幂函数间的转换:$y=\dfrac{1}{x^{\frac{n}{m}}}=x^{-\frac{n}{m}}$,如 $y=x^{-3}$ 可以写成 $y=\dfrac{1}{x^3}$.

③指数函数. 通常记为 $y=a^x$($a>0$ 且 $a\neq1$),特点是:底数为常数,指数为变量;其图像恒过(0,1)点;当 $a>1$ 时,$y=a^x$ 为单调递增的函数,当 $0<a<1$ 时,$y=a^x$ 为单调递减的函数.

④对数函数. 通常记为 $y=\log_a x$($a>0$ 且 $a\neq1$),定义域为 $\{x\mid x>0\}$;当 $a>1$ 时,$y=\log_a x$ 为单调增加的函数,当 $0<a<1$ 时,$y=\log_a x$ 为单调减少的函数.

⑤三角函数. 常用的三角函数有 $y=\sin x$,$y=\cos x$,$y=\tan x$,$y=\cot x$.

常用特殊角的三角函数值见表 1.1.

表 1.1

角度	三角函数值			
	$y=\sin x$	$y=\cos x$	$y=\tan x$	$y=\cot x$
0	0	1	0	—
$\frac{\pi}{6}$	$\frac{1}{2}$	$\frac{\sqrt{3}}{2}$	$\frac{\sqrt{3}}{3}$	$\sqrt{3}$
$\frac{\pi}{4}$	$\frac{\sqrt{2}}{2}$	$\frac{\sqrt{2}}{2}$	1	1
$\frac{\pi}{3}$	$\frac{\sqrt{3}}{2}$	$\frac{1}{2}$	$\sqrt{3}$	$\frac{\sqrt{3}}{3}$
$\frac{\pi}{2}$	1	0	—	0
$\frac{2\pi}{3}$	$\frac{\sqrt{3}}{2}$	$-\frac{1}{2}$	$-\sqrt{3}$	$-\frac{\sqrt{3}}{3}$
$\frac{3\pi}{4}$	$\frac{\sqrt{2}}{2}$	$-\frac{\sqrt{2}}{2}$	-1	-1
$\frac{5\pi}{6}$	$\frac{1}{2}$	$-\frac{\sqrt{3}}{2}$	$-\frac{\sqrt{3}}{3}$	$-\sqrt{3}$
π	0	-1	0	—

⑥反三角函数. 常用的反三角函数有 $y=\arcsin x, y=\arccos x, y=\arctan x, y=\text{arccot}\, x$. 四类反三角函数的定义域、值域、单调性为:

$y=\arcsin x$ 的定义域为:$x\in[-1,1]$,值域为:$y\in\left[-\frac{\pi}{2},\frac{\pi}{2}\right]$,单调增加.

$y=\arccos x$ 的定义域为:$x\in[-1,1]$,值域为:$y\in[0,\pi]$,单调减少.

$y=\arctan x$ 的定义域为:$x\in(-\infty,+\infty)$,值域为:$y\in\left(-\frac{\pi}{2},\frac{\pi}{2}\right)$,单调增加.

$y=\text{arccot}\, x$ 的定义域为:$x\in(-\infty,+\infty)$,值域为:$y\in(0,\pi)$,单调减少.

常用特殊值的反三角函数值见表 1.2 和表 1.3.

表 1.2

函数	特殊值								
	0	$\frac{1}{2}$	$\frac{\sqrt{2}}{2}$	$\frac{\sqrt{3}}{2}$	1	$-\frac{1}{2}$	$-\frac{\sqrt{2}}{2}$	$-\frac{\sqrt{3}}{2}$	-1
$y=\arcsin x$	0	$\frac{\pi}{6}$	$\frac{\pi}{4}$	$\frac{\pi}{3}$	$\frac{\pi}{2}$	$-\frac{\pi}{6}$	$-\frac{\pi}{4}$	$-\frac{\pi}{3}$	$-\frac{\pi}{2}$
$y=\arccos x$	$\frac{\pi}{2}$	$\frac{\pi}{3}$	$\frac{\pi}{4}$	$\frac{\pi}{6}$	0	$\frac{2\pi}{3}$	$\frac{3\pi}{4}$	$\frac{5\pi}{6}$	π

表 1.3

函数	特殊值						
	0	1	$\sqrt{3}$	$\frac{\sqrt{3}}{3}$	-1	$-\sqrt{3}$	$-\frac{\sqrt{3}}{3}$
$y=\arctan x$	0	$\frac{\pi}{4}$	$\frac{\pi}{3}$	$\frac{\pi}{6}$	$-\frac{\pi}{4}$	$-\frac{\pi}{3}$	$-\frac{\pi}{6}$
$y=\operatorname{arccot} x$	$\frac{\pi}{2}$	$\frac{\pi}{4}$	$\frac{\pi}{6}$	$\frac{\pi}{3}$	$\frac{3\pi}{4}$	$\frac{5\pi}{6}$	$\frac{2\pi}{3}$

(2)复合函数.

设 $y=f(u)$ 与 $u=\varphi(x)$ 构成函数 $y=f[\varphi(x)]$，则 $y=f[\varphi(x)]$ 称为复合函数.

注意　并不是任意两个函数都可以复合成复合函数，复合函数复合的条件为：$y=f(u)$ 的定义域和 $u=\varphi(x)$ 的值域交集为非空集合.

(3)初等函数.

由基本初等函数经过有限次的四则运算和有限次的复合步骤构成，并能用一个解析式表示的函数称为初等函数.

(4)分段函数.

在自变量的不同变化范围内，对应法则用不同的式子表示的函数，称为分段函数.

(5)函数的性质.

掌握函数的单调性、奇偶性、周期性、有界性.

2.数列极限的定义

对于数列 $\{x_n\}$，当 n 无限增大时，x_n 趋于某个确定的常数 A，则 A 称为数列 $\{x_n\}$ 的极限，记作 $\lim\limits_{n\to\infty}x_n=A$，此时称数列 $\{x_n\}$ 收敛. 若 $\{x_n\}$ 的极限不存在，则称数列 $\{x_n\}$ 发散.

3.函数极限的定义

①当 $x\to\infty$ 时函数的极限：当 $|x|$ 无限增大时，$f(x)$ 的值无限接近一个确定的常数 A，则称 A 为函数 $f(x)$ 当 $x\to\infty$ 时的极限，记作 $\lim\limits_{x\to\infty}f(x)=A$，否则称函数 $f(x)$ 当 $x\to\infty$ 时的极限不存在.

当 $x\to+\infty$ 时函数的极限：当 x 沿 x 轴正向 $|x|$ 无限增大时，$f(x)$ 的值无限接近一个确定的常数 A，则称 A 为函数 $f(x)$ 当 $x\to+\infty$ 时的极限，记作 $\lim\limits_{x\to+\infty}f(x)=A$.

当 $x\to-\infty$ 时函数的极限：当 x 沿 x 轴负向 $|x|$ 无限增大时，$f(x)$ 的值无限接近一个确定的常数 A，则称 A 为函数 $f(x)$ 当 $x\to-\infty$ 时的极限，记作 $\lim\limits_{x\to-\infty}f(x)=A$.

注意　$\lim\limits_{x\to-\infty}f(x)=A$；$\lim\limits_{x\to+\infty}f(x)=B$；$A=B\Leftrightarrow\lim\limits_{x\to\infty}f(x)=A$.

因此，要判断 $\lim\limits_{x\to\infty}f(x)$ 是否存在，必须先判断 $\lim\limits_{x\to-\infty}f(x)$ 和 $\lim\limits_{x\to+\infty}f(x)$ 是否存在且相等.

②当 $x\to x_0$ 时函数的极限：设 $f(x)$ 在 x_0 的某去心邻域内有定义，当 x 无限接近 x_0 时，若 $f(x)$ 的值无限接近一个确定的常数 A，则称 A 为函数 $f(x)$ 当 $x\to x_0$ 时的极限，记作 $\lim\limits_{x\to x_0}f(x)=A$ 或 $f(x)\to A(x\to x_0)$，否则，称函数 $f(x)$ 当 $x\to x_0$ 时的极限不存在.

当 $x\to x_0^+$ 时函数的极限：当 x 从 x_0 的右侧无限接近 x_0 时，若 $f(x)$ 的值无限接近一个确定的常数 A，则称 A 为函数 $f(x)$ 当 $x\to x_0^+$ 时的右极限，记作 $f(x_0+0)=\lim\limits_{x\to x_0^+}f(x)=A$ 或 $f(x)\to$

$A(x \to x_0^+)$.

当 $x \to x_0^-$ 时函数的极限:当 x 从 x_0 的左侧无限接近 x_0 时,若 $f(x)$ 的值无限接近一个确定的常数 A,则称 A 为函数 $f(x)$ 当 $x \to x_0^-$ 时的左极限,记作 $f(x_0-0)=\lim\limits_{x \to x_0^-} f(x)=A$ 或 $f(x) \to A$ $(x \to x_0^-)$.

注意 $\lim\limits_{x \to x_0^+} f(x)=A$, $\lim\limits_{x \to x_0^-} f(x)=B$; $A=B \Leftrightarrow \lim\limits_{x \to x_0} f(x)=A$.

因此,要判断 $\lim\limits_{x \to x_0} f(x)$ 是否存在,必须先判断 $\lim\limits_{x \to x_0^-} f(x)$ 和 $\lim\limits_{x \to x_0^+} f(x)$ 是否存在并相等.

4. 无穷小与无穷大

①无穷小. 如果 $\lim\limits_{x \to x_0} f(x)=0$(或 $\lim\limits_{x \to \infty} f(x)=0$),则称函数 $f(x)$ 是 $x \to x_0$(或 $x \to \infty$)时的无穷小(或无穷小量).

②无穷大. 设函数 $f(x)$ 在 x_0 近旁有意义,如果当 $x \to x_0$(或 $x \to \infty$)时,相应的函数值 $f(x)$ 的绝对值 $|f(x)|$ 无限增大,则称 $f(x)$ 是 $x \to x_0$(或 $x \to \infty$)时的无穷大(或无穷大量).

注意 在自变量的同一变化过程中,无穷大的倒数是无穷小,无穷小(0 除外)的倒数是无穷大,0 是特殊的无穷小. 本章主要介绍了自变量的 6 种无限变化趋势,分别为 $x \to \infty$, $x \to +\infty$, $x \to -\infty$, $x \to x_0$, $x \to x_0^-$, $x \to x_0^+$,上述无穷小与无穷大的定义对自变量其他四种无限变化趋势也是成立的.

5. 无穷小的比较

设 α 和 β 为同一变化方式下的无穷小,如果

①$\lim \dfrac{\alpha}{\beta}=0$,则称 α 比 β 高阶(或说 α 是比 β 高阶的无穷小量),记作 $\alpha=o(\beta)$,也说 β 比 α 低阶.

②$\lim \dfrac{\alpha}{\beta}=C \neq 0$($C$ 为常数),则称 α 与 β 同阶(或说 α 是与 β 同阶的无穷小量).

③$\lim \dfrac{\alpha}{\beta}=1$,则称 α 与 β 等价,记作 $\alpha \sim \beta$.

④$\lim \dfrac{\alpha}{\beta}=\infty$,则称 α 比 β 低阶.

6. 极限的运算法则

(1)四则运算法则.

设 $\lim\limits_{x \to x_0} f(x)=A$, $\lim\limits_{x \to x_0} g(x)=B$,则

①$\lim\limits_{x \to x_0}[f(x) \pm g(x)]=\lim\limits_{x \to x_0} f(x) \pm \lim\limits_{x \to x_0} g(x)=A \pm B$;

②$\lim\limits_{x \to x_0}[f(x)g(x)]=\lim\limits_{x \to x_0} f(x) \lim\limits_{x \to x_0} g(x)=AB$;

③$\lim\limits_{x \to x_0} \dfrac{f(x)}{g(x)}=\dfrac{\lim\limits_{x \to x_0} f(x)}{\lim\limits_{x \to x_0} g(x)}=\dfrac{A}{B}$ $(B \neq 0)$.

推论 1 常数可以提到极限符号之前,即

$$\lim_{x \to x_0}[Cf(x)]=C\lim_{x \to x_0} f(x)=CA,\text{其中 } C \text{ 为常数}.$$

推论 2 $\lim\limits_{x \to x_0}[f(x)]^n=[\lim\limits_{x \to x_0} f(x)]^n=A^n$,其中 n 为正整数.

注意　上述极限运算法则同样适用于自变量在其他5种无限变化趋势下的极限运算.极限运算法则中函数的个数可以由两个推广到有限多个.

(2)复合函数的极限运算法则.

设函数 $y=f(u)$ 与 $u=\varphi(x)$ 构成的复合函数 $y=f[\varphi(x)]$ 满足:$\lim\limits_{x\to x_0}\varphi(x)=a$,而复合函数的外函数 $f(u)$ 为初等函数,且 a 在函数 $f(u)$ 的定义域内,则

$$\lim_{x\to x_0}f[\varphi(x)]=f[\lim_{x\to x_0}\varphi(x)]=f(a).$$

7. 两个重要极限

(1)第一个重要极限:$\lim\limits_{x\to 0}\dfrac{\sin x}{x}=1$.

第一个重要极限的特点是:分子分母极限为零,且分母中的变量与正弦函数中的变量相同.该极限的一般形式为:

$$\lim_{f(x)\to 0}\frac{\sin f(x)}{f(x)}=1.$$

(2)第二个重要极限:$\lim\limits_{x\to\infty}\left(1+\dfrac{1}{x}\right)^x=\mathrm{e}$.

第二个重要极限的特点是:底数是1加无穷小,指数是无穷大,且底数的无穷小与指数的无穷大形式上互为倒数.该极限的一般形式为:

$$\lim_{f(x)\to\infty}\left(1+\frac{1}{f(x)}\right)^{f(x)}=\mathrm{e}\text{ 或 }\lim_{f(x)\to 0}[1+f(x)]^{\frac{1}{f(x)}}=\mathrm{e}.$$

8. 函数在点 x_0 处连续的定义

定义1　设函数 $y=f(x)$ 在点 x_0 的某邻域内有定义,若 $\lim\limits_{\Delta x\to 0}\Delta y=0$,则称函数 $y=f(x)$ 在点 x_0 处连续.

定义2　设函数 $y=f(x)$ 在点 x_0 的某邻域内有定义,若 $\lim\limits_{x\to x_0}f(x)=f(x_0)$,则称函数 $y=f(x)$ 在点 x_0 处连续.

注意　函数在点 x_0 处连续的三个条件:

①函数在点 x_0 的某邻域内有定义;

② $\lim\limits_{x\to x_0}f(x)$ 存在;

③ $\lim\limits_{x\to x_0}f(x)=f(x_0)$.

结论1　如果函数 $f(x)$ 在 x_0 处连续,则 $f(x)$ 在 x_0 处极限一定存在,且极限值为 $f(x_0)$;$f(x)$ 在 x_0 处极限存在,但函数 $f(x)$ 在 x_0 处不一定连续.

9. 初等函数的连续性

基本初等函数在定义域内连续,连续函数的四则运算与复合运算在定义域内也连续,所以初等函数在其定义域内都是连续的.

结论2　初等函数在其定义域内任一点处的极限值等于该点处的函数值.

10. 函数在点 x_0 处间断的定义

函数在点 x_0 处不连续,则称函数在点 x_0 处间断,x_0 称为函数的间断点.

注意　函数在点 x_0 处间断,只需满足以下3个条件中的任意一个条件:

① 函数在点 x_0 的某邻域内没有定义;

②$\lim\limits_{x \to x_0} f(x)$不存在；

③$\lim\limits_{x \to x_0} f(x)$存在，但$\lim\limits_{x \to x_0} f(x) \neq f(x_0)$.

11. 间断点的分类

①如果函数$f(x)$在点x_0处间断，且x_0处左极限、右极限都存在，则称x_0为第一类间断点.

注意 第一类间断点根据左右极限是否相等又分为可去间断点和跳跃间断点. 如果左极限等于右极限，则x_0为可去间断点；如果左极限、右极限都存在，但左极限不等于右极限，则x_0为跳跃间断点.

②如果函数$f(x)$在点x_0处间断，且x_0处左极限、右极限中至少一个不存在，则称x_0为第二类间断点.

结论 3 求初等函数的间断点时，只需求出使初等函数无意义的点，再求出该点的左右极限来判断间断点类型；对分段函数求间断点，在每一段上，视同初等函数求间断点；在分段点处，必须求出分段点处的左、右极限，然后验证其在该点是否连续.

12. 闭区间上连续函数的性质

①(最值定理)若函数$f(x)$在闭区间上连续，则该函数在该闭区间上必有界，且有最大值和最小值.

②(零点定理)若函数$f(x)$在$[a,b]$连续，且$f(a)\cdot f(b)<0$，则至少存在一点$\xi \in (a,b)$，使$f(\xi)=0$.

③(介值定理)若函数$f(x)$在$[a,b]$连续，且$f(a)=A$，$f(b)=B(A\neq B)$，则对于A、B之间的任意一个数C，在(a,b)内至少存在一点ξ，使$f(\xi)=C$.

二、重点与难点

①基本初等函数的图像及性质、复合函数的概念与分解、初等函数的概念.

②极限的运算法则、两个重要极限、等价无穷小的代换等知识的综合应用.

③连续函数的定义、函数间断点的分类、连续函数的性质及其应用.

典型例题解析

例 1 函数$f(x)=x$与函数$g(x)=\sqrt{x^2}$是同一个函数吗？

解 不是. 因为在区间$(-\infty,+\infty)$内，$g(x)=\sqrt{x^2}=|x|$，与$f(x)=x$的对应法则不相同，不是同一个函数.

注意 判断两个函数是否为同一个函数应根据函数的两个要素：定义域和对应法则. 当两个函数定义域和对应法则相同时，两个函数是同一个函数，否则，不是同一个函数.

例 2 求解下列各题.

(1)$f(x)=\sin x+2\cos x+3\tan x$，求$f(0)$，$f(\pi)$，$f\left(\dfrac{\pi}{6}\right)$；

(2)$f(x)=\arcsin x+2\arccos x$，求$f(0)$，$f\left(\dfrac{1}{2}\right)$，$f\left(-\dfrac{1}{2}\right)$；

(3)求 $2e^0+1\ 000\ln 1+\operatorname{arccot}(-1)+4^{-\frac{1}{2}}$的值.

解　(1)$f(0)=\sin 0+2\cos 0+3\tan 0=0+2+0=2$;

$f(\pi)=\sin\pi+2\cos\pi+3\tan\pi=0-2+0=-2$;

$f\left(\frac{\pi}{6}\right)=\sin\frac{\pi}{6}+2\cos\frac{\pi}{6}+3\tan\frac{\pi}{6}=\frac{1}{2}+\sqrt{3}+\sqrt{3}=2\sqrt{3}+\frac{1}{2}$.

(2)$f(0)=\arcsin 0+2\arccos 0=0+\pi=\pi$;

$f\left(\frac{1}{2}\right)=\arcsin\frac{1}{2}+2\arccos\frac{1}{2}=\frac{\pi}{6}+\frac{2}{3}\pi=\frac{5}{6}\pi$;

$f\left(-\frac{1}{2}\right)=\arcsin\left(-\frac{1}{2}\right)+2\arccos\left(-\frac{1}{2}\right)=-\frac{\pi}{6}+\frac{4}{3}\pi=\frac{7}{6}\pi$.

(3)$2e^0+1\ 000\ln 1+\operatorname{arccot}(-1)+4^{-\frac{1}{2}}=2+\frac{3\pi}{4}+\frac{1}{2}=\frac{10+3\pi}{4}$.

例 3　计算下列极限.

(1)$\lim\limits_{x\to 1}\frac{x^2-1}{2x^2-x-1}$;

(2)$\lim\limits_{x\to\infty}\frac{x^2-1}{2x^2-x-1}$;

(3)$\lim\limits_{x\to\infty}\frac{x^3+x-1}{2x^2-x-1}$;

(4)$\lim\limits_{x\to 0}\frac{2x^3+3x^2+1}{3x^2-4x+3}$;

(5)$\lim\limits_{x\to\infty}(\sqrt{x^2+1}-\sqrt{x^2-1})$.

解　(1)分子、分母极限都为 0,可采取因式分解,分子分母约去共同的零因子 $x-1$,即

$$\lim_{x\to 1}\frac{x^2-1}{2x^2-x-1}=\lim_{x\to 1}\frac{(x-1)(x+1)}{(x-1)(2x+1)}=\lim_{x\to 1}\frac{x+1}{2x+1}=\frac{2}{3}.$$

(2)分子、分母极限都为∞,可采取分子、分母同时除以无穷大 x^2,即

$$\lim_{x\to\infty}\frac{x^2-1}{2x^2-x-1}=\lim_{x\to\infty}\frac{1-\frac{1}{x^2}}{2-\frac{1}{x}-\frac{1}{x^2}}=\frac{1}{2}.$$

(3)分子、分母极限都为∞,可采取分子分母同时除以无穷大 x^3,即

$$\lim_{x\to\infty}\frac{x^3+x-1}{2x^2-x-1}=\lim_{x\to\infty}\frac{1+\frac{1}{x^2}-\frac{1}{x^3}}{2\cdot\frac{1}{x}-\frac{1}{x^2}-\frac{1}{x^3}}=\infty.$$

(4)$\lim\limits_{x\to 0}\frac{2x^3+3x^2+1}{3x^2-4x+3}=\frac{0+0+1}{0-0+3}=\frac{1}{3}$.

(5)该函数极限为"$\infty-\infty$"型未定式,可采取分子有理化,即

$$\lim_{x\to\infty}(\sqrt{x^2+1}-\sqrt{x^2-1})=\lim_{x\to\infty}\frac{(\sqrt{x^2+1}-\sqrt{x^2-1})(\sqrt{x^2+1}+\sqrt{x^2-1})}{\sqrt{x^2+1}+\sqrt{x^2-1}}$$

$$= \lim_{x\to\infty}\frac{2}{\sqrt{x^2+1}+\sqrt{x^2-1}}=0.$$

注意 分子、分母同时为多项式函数，在计算“$x\to\infty$”的极限时有以下结论：

$$\lim_{x\to\infty}\frac{a_0x^m+a_1x^{m-1}+\cdots+a_{m-1}x+a_m}{b_0x^n+b_1x^{n-1}+\cdots+b_{n-1}x+b_n}=\begin{cases}0, n>m;\\ \dfrac{a_0}{b_0}, n=m;\\ \infty, n<m.\end{cases}$$

例 4 计算$\lim\limits_{x\to0}\dfrac{\sin 5x}{\tan 3x}$.

解 方法 1

$$\lim_{x\to0}\frac{\sin 5x}{\tan 3x}=\lim_{x\to0}\frac{\sin 5x}{5x}\cdot\frac{5x}{3x}\cdot\frac{3x}{\tan 3x}$$

$$=\lim_{3x\to0}\frac{\sin 5x}{5x}\cdot\lim_{x\to0}\frac{5x}{3x}\cdot\lim_{5x\to0}\frac{3x}{\tan 3x}=\lim_{x\to0}\frac{5x}{3x}=\frac{5}{3}.$$

方法 2 因为当 $x\to0$ 时，$\sin 3x\sim3x$，$\tan 5x\sim5x$，所以有

$$\lim_{x\to0}\frac{\sin 5x}{\tan 3x}=\lim_{x\to0}\frac{5x}{3x}=\frac{5}{3}.$$

注意 当 $x\to0$ 时，$\sin ax\sim ax\sim\tan ax\sim\arctan ax\sim\arcsin ax\sim\ln(1+ax)\sim e^{ax}-1$，其中 a 为不等于零的常数，在求乘积或商因子的极限时，等价无穷小可以替换.

结论 $\lim\limits_{x\to0}\dfrac{\sin ax}{\tan bx}=\dfrac{a}{b}$；$\lim\limits_{x\to0}\dfrac{\sin ax}{bx}=\dfrac{a}{b}$；$\lim\limits_{x\to0}\dfrac{\arcsin ax}{bx}=\dfrac{a}{b}$；

$\lim\limits_{x\to0}\dfrac{\arcsin ax}{\arctan bx}=\dfrac{a}{b}$；$\lim\limits_{x\to0}\dfrac{\ln(1+ax)}{bx}=\dfrac{a}{b}$；$\lim\limits_{x\to0}\dfrac{e^{ax}-1}{bx}=\dfrac{a}{b}$，$(a\neq0,b\neq0)$.

例 5 计算$\lim\limits_{x\to0}\dfrac{\tan x(1-\cos x)}{3x^2\sin x}$.

解 因为当 $x\to0$ 时，$\sin x\sim x\sim\tan x$，所以有

$$\lim_{x\to0}\frac{\tan x(1-\cos x)}{3x^2\sin x}=\lim_{x\to0}\frac{2x\left(\sin\dfrac{x}{2}\right)^2}{3x^3}=\lim_{x\to0}\frac{2x\left(\dfrac{x}{2}\right)^2}{3x^3}=\frac{1}{6}.$$

例 6 计算$\lim\limits_{x\to\infty}\left(\dfrac{x+3}{x-1}\right)^{x+2}$.

解 方法 1 因为当 $x\to\infty$ 时，$\dfrac{x+3}{x-1}\to1$，$x+2\to\infty$，所以有

$$\lim_{x\to\infty}\left(\frac{x+3}{x-1}\right)^{x+2}=\lim_{x\to\infty}\left(1+\frac{4}{x-1}\right)^{\frac{x-1}{4}\cdot\frac{4(x+2)}{x-1}}=\lim_{x\to\infty}\left[\left(1+\frac{4}{x-1}\right)^{\frac{x-1}{4}}\right]^{\frac{4(x+2)}{x-1}}$$

$$=\left[\lim_{x\to\infty}\left(1+\frac{4}{x-1}\right)^{\frac{x-1}{4}}\right]^{\lim\limits_{x\to\infty}\frac{4(x+2)}{x-1}}=e^4.$$

方法 2 分子分母同时除以 x，两次使用第二个重要极限，得

$$\lim_{x\to\infty}\left(\frac{x+3}{x-1}\right)^{x+2}=\lim_{x\to\infty}\left(\frac{x+3}{x-1}\right)^{x}\cdot\left(\frac{x+3}{x-1}\right)^{2}$$

$$= \lim_{x\to\infty}\left(\frac{x+3}{x-1}\right)^x \cdot 1^2$$

$$= \lim_{x\to\infty}\left(\frac{x+3}{x-1}\right)^x$$

$$= \lim_{x\to\infty}\left(\frac{1+\frac{3}{x}}{1-\frac{1}{x}}\right)^x = \frac{\lim\limits_{x\to\infty}\left(1+\frac{3}{x}\right)^x}{\lim\limits_{x\to\infty}\left(1-\frac{1}{x}\right)^x}$$

$$= \frac{\lim\limits_{x\to\infty}\left(1+\frac{3}{x}\right)^{\frac{x}{3}\cdot 3}}{\lim\limits_{x\to\infty}\left(1+\frac{1}{-x}\right)^{-x\cdot(-1)}} = \frac{\left(\lim\limits_{x\to\infty}\left(1+\frac{3}{x}\right)^{\frac{x}{3}}\right)^3}{\left(\lim\limits_{x\to\infty}\left(1+\frac{1}{-x}\right)^{-x}\right)^{-1}} = \frac{e^3}{e^{-1}} = e^4.$$

例 7　判断 $f(x)=\begin{cases} e^x-1 & x\geqslant 0 \\ \cos\pi(x-1) & x<0 \end{cases}$ 在 $x=0$ 处是否存在极限，若存在，求出极限值，若不存在，请说明理由.

解　因为 $\lim\limits_{x\to 0^+} f(x)=e^0-1=0$，$\lim\limits_{x\to 0^-} f(x)=\cos\pi(0-1)=-1$，在 $x=0$ 处左极限不等于右极限，所以 $\lim\limits_{x\to 0} f(x)$ 不存在.

注意　求分段函数在分段点处的左右极限时，如果分段点分割的两段函数在分段点处都有意义，把分段点代入大于该点对应的函数中，求出函数值为分段点处的右极限；把分段点代入小于该点对应的函数中，求出函数值为分段点处的左极限.

例 8　若函数

$$f(x)=\begin{cases} \dfrac{e^x-1}{x} & x>0 \\ \cos x & x\leqslant 0 \end{cases}$$

请判断 $f(x)$ 在 $x=0$ 处是否连续.

解　因为 $\lim\limits_{x\to 0^+} f(x)=\lim\limits_{x\to 0^+}\dfrac{e^x-1}{x}=\lim\limits_{x\to 0^+}\dfrac{x}{x}=1$，

$$\lim_{x\to 0^-} f(x)=\cos 0=1,\ f(0)=\cos 0=1,$$

所以有 $\lim\limits_{x\to 0^+} f(x)=\lim\limits_{x\to 0^-} f(x)=f(0)=1$，由函数在某点处连续的定义知，$f(x)$ 在 $x=0$ 处连续.

例 9　设 $f(x)=\begin{cases} 2-x & x\geqslant 1 \\ \dfrac{2\sin(x-1)}{x-1}+a & x<1 \end{cases}$ 在点 $x=1$ 处连续，请问 a 取何值.

解　因为 $\lim\limits_{x\to 1^-} f(x)=\lim\limits_{x\to 1^-}\left(\dfrac{2\sin(x-1)}{x-1}+a\right)=\lim\limits_{x-1\to 0}\dfrac{2\sin(x-1)}{x-1}+a=2+a$，

$$\lim_{x\to 1^+} f(x)=\lim_{x\to 1^+}(2-x)=1,\ f(1)=1,$$

函数 $f(x)$ 在 $x=1$ 处连续，所以有

$$\lim_{x\to 1^-} f(x)=2+a=\lim_{x\to 1^+} f(x)=1=f(1),$$

即 $a=-1$ 时，函数 $f(x)$ 在 $x=1$ 处连续.

例 10　证明方程 $x-\sin x=1$ 在开区间 $(0,\pi)$ 内至少有一个根.

证 设函数 $f(x)=x-\sin x-1$,因为 $f(x)=x-\sin x-1$ 在闭区间 $[0,\pi]$ 上连续,且 $f(0)=-1<0$, $f(\pi)=\pi-1>0$,根据零点定理,在开区间 $(0,\pi)$ 内至少有一点 ξ,使得 $f(\xi)=0$. 即 $\xi-\sin\xi=1\ (0<\xi<\pi)$. 因此方程 $x-\sin x=1$ 在开区间 $(0,\pi)$ 内至少有一个根.

本章测试题及解答

本章测试题

1. 判断题

(　　)(1)函数 $y=\dfrac{1}{\sin x}$ 是有界函数.

(　　)(2)任何两个函数都可以复合成一个复合函数.

(　　)(3)函数 $f(x)$ 在 $x=x_0$ 处连续,则函数 $f(x)$ 在 $x=x_0$ 处一定存在极限.

(　　)(4)函数 $f(x)$ 在 $[a,b]$ 上连续,则函数 $f(x)$ 在 (a,b) 内一定有最大值和最小值.

(　　)(5)函数 $f(x)$ 在 $x=x_0$ 处间断,且函数 $f(x)$ 在 $x=x_0$ 处极限存在,则 x_0 是函数 $f(x)$ 的可去间断点.

2. 选择题

(1)函数 $y=2$ 的定义域是(　　).

A. $x\in\mathbf{R}$　　B. $x\in\mathbf{N}$　　C. $x\in\mathbf{Z}$　　D. 以上答案均错误

(2)若 $\lim\limits_{x\to x_0}f(x)=2$,则 $f(x_0)$(　　).

A. 不一定存在　　B. 一定存在　　C. 等于 2　　D. 不等于 2

(3)若函数 $f(x)$ 在 $x=x_0$ 处左、右极限都存在,则 $\lim\limits_{x\to x_0}f(x)$(　　).

A. 一定存在　　B. 不一定存在　　C. 等于左极限　　D. 等于右极限

(4)若 $\lim\limits_{x\to\infty}f(x)=A$,则当 $x\to\infty$ 时, $f(x)-A$ 是(　　).

A. 0　　B. 单调函数　　C. 无穷小量　　D. 无穷大量

(5)下列极限中正确的是(　　).

A. $\lim\limits_{x\to\infty}2^x=\infty$　　B. $\lim\limits_{x\to\infty}\dfrac{\sin x}{x}=0$　　C. $\lim\limits_{x\to\infty}\dfrac{\sin x}{x}=1$　　D. $\lim\limits_{x\to\infty}\left(\dfrac{1}{2}\right)^x=0$

(6)当 $x\to0$ 时, $1-\cos x$ 是 x^2 的(　　).

A. 高阶无穷小　　B. 低阶无穷小　　C. 等价无穷小　　D. 同阶无穷小

(7)当 $x\to0$ 时, $\ln(1+2x)$ 等价于(　　).

A. x　　B. $2x$　　C. $1+2x$　　D. $1+\ln 2x$

(8)设函数 $f(x)=\begin{cases}a & x\geqslant0\\ \dfrac{\arctan 3x}{x} & x<0\end{cases}$ 在点 $x=0$ 处连续,则 a 为(　　).

A. 0　　B. 1　　C. 2　　D. 3

(9)设函数 $f(x)=\dfrac{|x-2|}{x-2}$,则下列说法正确的是(　　).

A. $x=2$ 处连续　　　　B. $x=2$ 为第二类间断点

C. $x=2$ 为可去间断点　　　　D. $x=2$ 为跳跃间断点

(10)函数 $y=f(x)$ 在 $x=x_0$ 处既左连续又右连续是 $\lim\limits_{x\to x_0}f(x)$ 存在的(　　).

A. 充分条件　　B. 必要条件　　C. 充要条件　　D. 无关条件

3. 填空题

(1)函数 $y=\arccos(2x)$ 的定义域是____________.

(2) $\lim\limits_{x\to\infty}\dfrac{x\cos x}{x^2+1}=$____________.

(3) $\cos\pi+\arccos(-1)+\arcsin(-1)+\ln\sqrt{e}+2^0=$________.

(4)函数 $y=\ln\arctan(2x)$ 是由____________复合而成.

(5)若极限 $\lim\limits_{x\to\infty}\left(\dfrac{x^2+1}{x+1}+ax+b\right)=0$,则常数 $a=$______,$b=$______.

4. 解答题

(1)求下列函数的极限.

① $\lim\limits_{x\to 0}(1-x)^{\frac{2}{x}}$;　　② $\lim\limits_{x\to\infty}\left(1+\dfrac{2}{x+1}\right)^{x-1}$;

③ $\lim\limits_{x\to 0}\dfrac{(1-\cos 2x)\arcsin x}{x^3}$;　　④ $\lim\limits_{x\to 0}\dfrac{x^2\sin\frac{1}{x}}{\tan x}$;

⑤ $\lim\limits_{x\to\infty}\dfrac{x^2-2x+1}{x^2-1}$;　　⑥ $\lim\limits_{x\to 0}(e^{2x}+\arccos x)$.

(2)判断下列函数是由哪些函数复合而成的.

① $y=\cos^2(3x-1)$;　　② $y=\sqrt{\ln\sin 2x}$;

③ $y=\arcsin^2(3x-1)$;　　④ $y=\tan e^{\sqrt{1-x^2}}$.

(3)确定常数 a 的值,使函数 $f(x)=\begin{cases}a & x=2\\ \dfrac{x^2-4}{x-2} & x\neq 2\end{cases}$ 在 $x=2$ 处连续.

本章测试题解答

1. (1)错误.因为当 $\sin x\to 0$ 时,$\dfrac{1}{\sin x}\to\infty$,所以 $\dfrac{1}{\sin x}$ 无界.

(2)错误.因为并不是任意两个函数都可以复合成复合函数,复合函数复合的条件为:$y=f(u)$ 的定义域和 $u=\varphi(x)$ 的值域交集为非空集合.

(3)正确.由函数在一定点连续的定义知,该连续点处一定存在极限.

(4)错误.最值定理的条件是闭区间上的连续函数在闭区间上一定有最值,而题目中是开区间内有最值,因此说法错误.

(5)正确.函数 $f(x)$ 在 $x=x_0$ 处极限存在,则 x_0 处左极限等于右极限,又是间断点,因此是可去间断点.

2. (1)A.常数函数的定义域为全体实数.

(2)A. 函数在某点处极限存在,函数在该点处有可能没有意义;即使有意义,该点处的函数值和该点处的极限值之间也没有内在关系.

(3)B. 函数在某点处左、右都极限存在,但没有说明是否相等,因此函数在该点处的极限不一定存在.

(4)C. 因为$\lim\limits_{x\to\infty}f(x)=A$,则有$\lim\limits_{x\to\infty}(f(x)-A)=0$,故选 C.

(5)B. 因为$\lim\limits_{x\to+\infty}2^x=\infty$,但$\lim\limits_{x\to-\infty}2^x=0$,所以 A 错误;当 $x\to\infty$ 时,$\frac{1}{x}\to0$,$\sin x$ 有界,所以 B 正确,C 错误;因为$\lim\limits_{x\to+\infty}\left(\frac{1}{2}\right)^x=0$,所以 D 错误.

(6)D. 因为$\lim\limits_{x\to0}\frac{1-\cos x}{x^2}=\lim\limits_{x\to0}\frac{2\sin^2\frac{x}{2}}{x^2}=\frac{1}{2}$,由无穷小阶的比较结论知选 D.

(7)B. 因为$\lim\limits_{x\to0}\frac{\ln(1+2x)}{2x}=\lim\limits_{x\to0}\ln(1+2x)^{\frac{1}{2x}}=1$,由无穷小阶的比较结论知选 B.

(8)D. 因为$\lim\limits_{x\to0^+}f(x)=a=f(0)=\lim\limits_{x\to0^-}f(x)=\lim\limits_{x\to0^-}\frac{\arctan 3x}{x}=3$,所以 $a=3$.

(9)D. 因为$\lim\limits_{x\to2^+}f(x)=1$,$\lim\limits_{x\to2^-}f(x)=\lim\limits_{x\to2^-}\frac{2-x}{x-2}=-1$,函数在 $x=2$ 处左右极限都存在,但不相等,故为跳跃间断点.

(10)A. 因为函数 $y=f(x)$ 在 $x=x_0$ 处既左连续又右连续,则函数 $y=f(x)$ 在 $x=x_0$ 处一定连续,又因为 x_0 处连续,则 x_0 处极限一定存在;但 x_0 处极限存在,x_0 处不一定连续,所以选 A.

3. (1)$\left[-\frac{1}{2},\frac{1}{2}\right]$. 因为要使 $y=\arccos(2x)$ 有意义,则 $-1\leqslant 2x\leqslant 1$,所以 $x\in\left[-\frac{1}{2},\frac{1}{2}\right]$.

(2)0. 因为当 $x\to\infty$ 时,$\frac{x}{x^2+1}\to0$,$\cos x$ 在 $\mathbf{R}$ 内为有界函数,利用无穷小与有界函数的乘积仍为无穷小可得出$\lim\limits_{x\to\infty}\frac{x\cos x}{x^2+1}=0$.

(3)$\frac{\pi+1}{2}$. 因为 $-1+\pi-\frac{\pi}{2}+\frac{1}{2}+1=\frac{\pi+1}{2}$.

(4)$y=\ln u$,$u=\arctan v$,$v=2x$.

(5)$a=-1$,$b=1$. 因为$\lim\limits_{x\to\infty}\left(\frac{x^2+1}{x+1}+ax+b\right)=0$,所以有

$$\begin{aligned}\lim_{x\to\infty}\left(\frac{x^2+1}{x+1}+ax+b\right)&=\lim_{x\to\infty}\frac{x^2+1+ax^2+ax+bx+b}{x+1}\\&=\lim_{x\to\infty}\frac{(a+1)x^2+(a+b)x+(1+b)}{x+1}=0\end{aligned}$$

则分子中多项式的最高次幂为零,即 $a+1=0$,且 $a+b=0$,于是 $a=-1$,$b=1$.

4. (1)①$\lim\limits_{x\to0}(1-x)^{\frac{2}{x}}=e^{\lim\limits_{x\to0}\left(-x\cdot\frac{2}{x}\right)}=e^{-2}$.

②$\lim\limits_{x\to\infty}\left(1+\frac{2}{x+1}\right)^{x-1}=e^{\lim\limits_{x\to\infty}\frac{2(x-1)}{x+1}}=e^2$.

③$\lim\limits_{x\to0}\dfrac{(1-\cos 2x)\arcsin x}{x^3}=\lim\limits_{x\to0}\dfrac{2x\sin^2 x}{x^3}=2.$

④$\lim\limits_{x\to0}\dfrac{x^2\sin\dfrac{1}{x}}{\tan x}=\lim\limits_{x\to0}\dfrac{x^2\sin\dfrac{1}{x}}{x}=\lim\limits_{x\to0}x\sin\dfrac{1}{x}=0.$

⑤$\lim\limits_{x\to\infty}\dfrac{x^2-2x+1}{x^2-1}=\lim\limits_{x\to\infty}\dfrac{1-\dfrac{2}{x}+\dfrac{1}{x^2}}{1-\dfrac{1}{x^2}}=1.$

⑥$\lim\limits_{x\to0}(e^{2x}+\arccos x)=e^0+\arccos 0=1+\dfrac{\pi}{2}.$

(2)①$y=u^2, u=\cos v, v=3x-1.$

②$y=\sqrt{u}, u=\ln v, v=\sin w, w=2x.$

③$y=u^2, u=\arcsin v, v=3x-1.$

④$y=\tan u, u=e^v, v=\sqrt{w}, w=1-x^2.$

(3)因为$\lim\limits_{x\to2}f(x)=\lim\limits_{x\to2}\dfrac{x^2-4}{x-2}=\lim\limits_{x\to2}(x+2)=4$，$f(2)=a$，根据函数在定点连续的定义知，$f(2)=a=\lim\limits_{x\to2}f(x)=4$，所以 $a=4$.

第 2 章 导数与微分

本章归纳与总结

一、内容提要

本章主要介绍一元函数微分学(导数、微分)的基本概念、各类函数的求导方法、高阶导数、导数在函数研究及经济分析中的应用、微分运算法则等内容.

1. 导数的相关概念

(1)函数 $y=f(x)$ 在点 x_0 处的导数.

设函数 $y=f(x)$ 在点 x_0 的某邻域 $U(x_0)$ 内有定义,如果极限 $\lim\limits_{\Delta x\to 0}\dfrac{\Delta y}{\Delta x}$ 存在,则 $y=f(x)$ 在 x_0 处可导,并称该极限值为 $y=f(x)$ 在 x_0 处的导数,记作 $f'(x_0)$,即

$$f'(x_0)=\lim_{\Delta x\to 0}\frac{\Delta y}{\Delta x}=\lim_{\Delta x\to 0}\frac{f(x_0+\Delta x)-f(x_0)}{\Delta x},$$

也可记作 $y'|_{x=x_0}$,$\left.\dfrac{dy}{dx}\right|_{x=x_0}$,$\left.\dfrac{df(x)}{dx}\right|_{x=x_0}$.

其中 Δx 为自变量 x 在点 x_0 处获得的增量,相应的函数值的增量

$$\Delta y=f(x_0+\Delta x)-f(x_0).$$

注意 如果极限 $\lim\limits_{\Delta x\to 0}\dfrac{\Delta y}{\Delta x}$ 不存在,则 $y=f(x)$ 在 x_0 处不可导.

导数定义式还有以下结构特征一致的等价形式:

$$f'(x_0)=\lim_{h\to 0}\frac{f(x_0+h)-f(x_0)}{h};$$

$$f'(x_0)=\lim_{x\to x_0}\frac{f(x)-f(x_0)}{x-x_0};$$

$$f'(x_0)=\lim_{\Delta x\to 0}\frac{f(x_0-\Delta x)-f(x_0)}{-\Delta x}.$$

如果函数 $y=f(x)$ 在开区间 (a,b) 内每点处都可导，即对于任意 $x\in(a,b)$，都对应着 $f(x)$ 一个确定的导数值，这样就构成了一个新的函数，该函数称为 $f(x)$ 的导函数（在不致混淆的前提下，导函数也简称导数），记作 $f'(x)$，定义式为：

$$f'(x)=\lim_{\Delta x\to 0}\frac{f(x+\Delta x)-f(x)}{\Delta x},$$

也可记作 y'，$\frac{\mathrm{d}y}{\mathrm{d}x}$，$\frac{\mathrm{d}f(x)}{\mathrm{d}x}$.

(2)函数 $y=f(x)$ 在点 x_0 处的单侧导数.

讨论函数在区间端点处的导数问题及分段函数分段点处的导数问题时，常常需要研究函数在对应点处的单侧可导性.

①函数 $y=f(x)$ 在点 x_0 处的左导数.

如果极限

$$\lim_{\Delta x\to 0^-}\frac{f(x_0+\Delta x)-f(x_0)}{\Delta x}$$

存在，则该极限为函数 $f(x)$ 在点 x_0 处的左导数，记作 $f'_-(x_0)$.

②函数 $y=f(x)$ 在点 x_0 处的右导数.

如果极限

$$\lim_{\Delta x\to 0^+}\frac{f(x_0+\Delta x)-f(x_0)}{\Delta x}$$

存在，则该极限为函数 $f(x)$ 在点 x_0 处的右导数，记作 $f'_+(x_0)$.

(3)单侧导数与导数的关系.

函数 $f(x)$ 在 x_0 处可导的充分必要条件是左导数 $f'_-(x_0)$ 和右导数 $f'_+(x_0)$ 都存在且相等，即

$$f'(x_0)\text{ 存在}\Leftrightarrow f'_+(x_0)=f'_-(x_0)$$

(4)可导区间.

$f(x)$ 在 (a,b) 内可导的条件是：$f(x)$ 在任一点 $x\in(a,b)$ 处均可导；

$f(x)$ 在 $[a,b)$ 内可导的条件是：$f(x)$ 在任一点 $x\in(a,b)$ 处均可导，且 $f(x)$ 在区间左端点 $x=a$ 处右侧可导；

$f(x)$ 在 $(a,b]$ 内可导的条件是：$f(x)$ 在任一点 $x\in(a,b)$ 处均可导，且 $f(x)$ 在区间右端点 $x=b$ 处左侧可导；

$f(x)$ 在 $[a,b]$ 内可导的条件是：$f(x)$ 在任一点 $x\in(a,b)$ 处均可导，且 $f(x)$ 在区间左端点 $x=a$ 处右侧可导，在区间右端点 $x=b$ 处左侧可导.

注意　所谓可导函数是指在其定义域内任一点处均可导的函数.

(5)导数的几何意义.

函数 $f(x)$ 在 x_0 处的导数 $f'(x_0)$ 就是曲线 $y=f(x)$ 在点 $(x_0,f(x_0))$ 处的切线的斜率.

(6)可导与连续的关系.

如果函数 $f(x)$ 在 x_0 处可导，则 $f(x)$ 在 x_0 处必连续，但是函数 $f(x)$ 在 x_0 处连续不一定能推导出 $f(x)$ 在 x_0 处可导. 即连续是可导的必要条件，而非充分条件.

2. 导数的计算

(1)基本初等函数的导数公式见表2.1.

表 2.1 基本初等函数的导数公式

$(C)'=0$ (C 为常数)	$(x^{\mu})'=\mu x^{\mu-1}$ (μ 为实数)
$(a^x)'=a^x\ln a(a>0,a\neq 1)$	$(\log_a x)'=\frac{1}{x\ln a}(a>0,a\neq 1)$
$(e^x)'=e^x$	$(\ln x)'=\frac{1}{x}$
$(\sin x)'=\cos x$	$(\cos x)'=-\sin x$
$(\tan x)'=\sec^2 x$	$(\cot x)'=-\csc^2 x$
$(\sec x)'=\sec x\tan x$	$(\csc x)'=-\csc x\cot x$
$(\arcsin x)'=\frac{1}{\sqrt{1-x^2}}$	$(\arccos x)'=-\frac{1}{\sqrt{1-x^2}}$
$(\arctan x)'=\frac{1}{1+x^2}$	$(\text{arccot}\, x)'=-\frac{1}{1+x^2}$

(2)函数和、差、积、商的求导法则.

设 $u=u(x)$、$v=v(x)$、$w=w(x)$ 均为可导函数,则

①$(u\pm v)'=u'\pm v'$;

②$(uv)'=u'v+uv'$,$(ku)'=ku'$(k 是常数);

推论:$(uvw)'=u'vw+uv'w+uvw'$;

③$\left(\frac{v}{u}\right)'=\frac{uv'-u'v}{u^2}$,$\left(\frac{1}{u}\right)'=-\frac{u'}{u^2}$.

(3)复合函数的求导法则.

如果函数 $u=\varphi(x)$ 在点 x 处可导,且函数 $y=f(u)$ 在对应点 $u=\varphi(x)$ 处可导,则复合函数 $y=f[\varphi(x)]$ 在点 x 处可导,且

$$\frac{dy}{dx}=\frac{dy}{du}\cdot\frac{du}{dx} \text{ 或 } \frac{dy}{dx}=f'(u)\cdot\varphi'(x) \text{ 或 } y'_x=y'_u\cdot u'_x$$

注意 复合函数的导数等于各层函数(由外至内)导数的乘积,各层函数求导时都是对自身自变量求导,故正确分解复合函数的层次结构,是复合函数求导的关键.复合函数求导法则也称“链式法则”.

(4)初等函数求导.

初等函数中包含四则运算和复合运算,在求导时需要综合运用导数的四则运算法则和复合函数求导法则.

(5)高阶导数.

二阶导数:如果函数 $y=f(x)$ 的一阶导数 $f'(x)$ 是可导函数,则称 $f'(x)$ 的导数为 $f(x)$ 的二阶导数,即

$$f''(x)=(f'(x))'=\lim_{\Delta x\to 0}\frac{f'(x+\Delta x)-f'(x)}{\Delta x}$$

函数 $y=f(x)$ 的二阶导数记为 y'',$f''(x)$,$\frac{d^2y}{dx^2}$,$\frac{d^2f(x)}{dx^2}$.

同理,函数 $y=f(x)$ 的二阶导数 $f''(x)$ 的导数是 $f(x)$ 的三阶导数,记作 y''', $f'''(x)$, $\frac{d^3y}{dx^3}$. 以此类推,函数 $y=f(x)$ 的 $n-1$ 阶导数 $f^{(n-1)}(x)$ 的导数是 $f(x)$ 的 n 阶导数,记作 $y^{(n)}$, $f^{(n)}(x)$, $\frac{d^ny}{dx^n}$.

注意　求一个函数的高阶导数(二阶及二阶以上的导数)就是反复运用求函数的一阶导数的方法进行计算. 四阶及四阶以上的导数记作 $y^{(n)}$, $f^{(n)}(x)$, $\frac{d^ny}{dx^n}$.

(6)隐函数求导.

显(式)函数:用形如 $y=f(x)$ 的解析式表示,即直接给出 y 等于一个只含自变量的解析式.

隐(式)函数:如果函数 $y=f(x)$ 是由方程 $F(x,y)=0$ 确定的,则称 $y=f(x)$ 是隐含在方程 $F(x,y)=0$ 中的隐函数.

隐函数的显化:将方程转化为显函数. 例如,对方程 $x^2-y-3=0$ 显化可得显函数 $y=x^2-3$.

当方程不易显化或不可能显化时(例如,方程 $xy-x+e^y=0$ 无法显化),则需要通过直接对方程求导得出隐含在方程中的函数 $y=f(x)$ 的导数.

隐函数求导方法是:将方程 $F(x,y)=0$ 两边同时对 x 求导,即 $\frac{d}{dx}F(x,y)=0$,然后解出 $\frac{dy}{dx}$.

注意　由于方程 $F(x,y)=0$ 中的 y 是 x 的函数,因此隐函数求导过程中,经常需要运用复合函数求导法则. 若隐函数未经显化(或不能显化),求导的计算结果表达式中常含 y.

(7)对数求导法.

对数求导法是利用对数的运算性质简化求导运算的一种方法,主要适用于幂指函数以及含有若干个因式的乘、除、乘方、开方型函数的求导.

注意　采用对数求导法解题,需要综合运用隐函数求导法则和复合函数求导法则.

3. 微分的相关概念

(1)微分的定义.

设函数 $y=f(x)$ 在某个区间内有定义, x_0 及 $x_0+\Delta x$ 在该区间内,如果函数的增量

$$\Delta y=f(x_0+\Delta x)-f(x_0)$$

可表示为

$$\Delta y=A\Delta x+o(\Delta x)$$

其中 A 是不依赖于 Δx 的常数, $o(\Delta x)$ 是当 $\Delta x\to 0$ 时比 Δx 高阶的无穷小. 那么称函数 $y=f(x)$ 在点 x_0 是可微的,而 Δy 中的线性主部 $A\Delta x$ 称为函数 $y=f(x)$ 在点 x_0 处相应于自变量增量的微分,记作 dy,推导可得 $A=f'(x_0)$,且通常把自变量 x 的增量 Δx 称为自变量的微分 dx,即 $\Delta x=dx$,因此

$$dy=f'(x_0)dx.$$

函数 $y=f(x)$ 在任意点 x 的微分,称为函数的微分,记作 dy 或 $df(x)$,即

$$dy=f'(x)dx.$$

(2)可微与可导的关系.

函数 $y=f(x)$ 在 x_0 处可微的充分必要条件是函数 $y=f(x)$ 在 x_0 处可导.

(3)微分的几何意义.

函数 $y=f(x)$ 在点 x_0 相应于自变量增量的微分 $dy=f'(x_0)dx$,是当自变量 x 在 x_0 处获得增量 Δx 时,曲线 $y=f(x)$ 在点 $(x_0,f(x_0))$ 处的切线的纵坐标的改变量.

(4)微分的运算法则.

①函数和、差、积、商的微分法则.

设函数 $u=u(x)$、$v=v(x)$ 均为可导函数,k 为常数,则

$$d(u\pm v)=du\pm dv;$$

$$d(uv)=vdu+udv, d(ku)=kdu;$$

$$d\left(\frac{v}{u}\right)=\frac{udv-vdu}{u^2}.$$

②复合函数的微分法则.

由函数 $y=f(u)$、$u=\varphi(x)$ 复合而成的复合函数 $y=f[\varphi(x)]$ 的微分为

$$dy=f'[\varphi(x)]\varphi'(x)dx.$$

由于 $f'[\varphi(x)]=f'(u)$,$\varphi'(x)dx=du$,所以上式也可以写成

$$dy=f'(u)du.$$

显然,无论 u 是自变量,还是另一变量的函数(中间变量),微分形式 $dy=f'(u)du$ 保持不变,这一性质称为**一阶微分形式不变性**.

注意 一阶微分形式不变性的主要应用:

- 求复合函数的微分与导数;
- 积分计算时凑微分.

(5)微分在近似计算中的应用.

当 $|\Delta x|$ 很小时,常用的微分近似计算公式如下:

$$\Delta y\approx dy=f'(x_0)\Delta x;$$

$$f(x_0+\Delta x)\approx f(x_0)+f'(x_0)\Delta x.$$

4. 导数的相关应用

(1)洛必达法则.

如果函数 $f(x)$、$g(x)$ 满足:

① $\lim\limits_{\substack{x\to a\\(x\to\infty)}} f(x)=0$、$\lim\limits_{\substack{x\to a\\(x\to\infty)}} g(x)=0$(或 $\lim\limits_{\substack{x\to a\\(x\to\infty)}} f(x)=\infty$、$\lim\limits_{\substack{x\to a\\(x\to\infty)}} g(x)=\infty$);

②在点的某去心领域内(或当 $|x|>N$ 时,N 为任意大的正数)$f'(x)$、$g'(x)$ 存在,且 $g'(x)\neq 0$;

③ $\lim\limits_{\substack{x\to a\\(x\to\infty)}}\dfrac{f'(x)}{g'(x)}=A\left(或 \lim\limits_{\substack{x\to a\\(x\to\infty)}}\dfrac{f'(x)}{g'(x)}=\infty\right)$.

则

$$\lim_{\substack{x\to a\\(x\to\infty)}}\frac{f(x)}{g(x)}=\lim_{\substack{x\to a\\(x\to\infty)}}\frac{f'(x)}{g'(x)}.$$

注意 ①仅当 $\lim\limits_{\substack{x\to a\\(x\to\infty)}}\dfrac{f(x)}{g(x)}$ 是"$\dfrac{0}{0}$"或"$\dfrac{\infty}{\infty}$"型未定式,才可以用洛必达法则求极限.

②如果 $\lim\limits_{\substack{x\to a\\(x\to\infty)}}\dfrac{f'(x)}{g'(x)}$ 仍为“$\dfrac{0}{0}$”或“$\dfrac{\infty}{\infty}$”型未定式，可再用洛必达法则（洛必达法则可以连续使用）.

③如果 $\lim\limits_{\substack{x\to a\\(x\to\infty)}}\dfrac{f'(x)}{g'(x)}$ 不存在也不为 ∞ 时，则洛必达法则失效，但 $\lim\limits_{\substack{x\to a\\(x\to\infty)}}\dfrac{f(x)}{g(x)}$ 未必不存在，应考虑使用其他方法求解 $\lim\limits_{\substack{x\to a\\(x\to\infty)}}\dfrac{f(x)}{g(x)}$.

使用洛必达法则求解“$\dfrac{0}{0}$”或“$\dfrac{\infty}{\infty}$”型未定式时，常常需要结合等价无穷小替换以简化计算. 对于极限中的非零因子，可以先求出其极限，再对其余部分使用洛必达法则求解.

对于“$0\cdot\infty$”“$\infty-\infty$”“1^{∞}”“∞^{0}”“0^{0}”型未定式，应先将它们转化为“$\dfrac{0}{0}$”或“$\dfrac{\infty}{\infty}$”型未定式，再用洛必达法则求解，转化方法如下：

“$0\cdot\infty$”型未定式通过积化商转化为“$\dfrac{0}{0}$”或“$\dfrac{\infty}{\infty}$”型未定式；

“$\infty-\infty$”型未定式运用通分或有理化的方法转化为“$\dfrac{0}{0}$”或“$\dfrac{\infty}{\infty}$”型未定式；

“1^{∞}”“∞^{0}”“0^{0}”型未定式（极限中的函数为幂指函数）应先取自然对数转化为“$0\cdot\infty$”型未定式，再通过积化商转化为“$\dfrac{0}{0}$”或“$\dfrac{\infty}{\infty}$”型未定式. 必须强调的是，这样运用洛必达法则求得的是取了自然对数后的极限，最后还需根据对数函数与指数函数的运算关系，计算出原来的极限.

（2）利用导数判定函数的单调性.

判定依据：设函数 $y=f(x)$ 在闭区间 $[a,b]$ 上连续，在开区间 (a,b) 内可导，则：

①如果在 (a,b) 内恒有 $f'(x)>0$，那么 $y=f(x)$ 在 $[a,b]$ 上单调递增；

②如果在 (a,b) 内恒有 $f'(x)<0$，那么 $y=f(x)$ 在 $[a,b]$ 上单调递减.

解题步骤：

①确定所给函数的定义域；

②运用一阶导数求出函数所有可能的单调性变化的分界点（驻点、不可导点）；

③根据函数所有的驻点和不可导点，将函数定义域划分成若干个子区间；

④根据 $f'(x)$ 在每个子区间内的符号，判定函数在每个子区间内的单调性.

注意 驻点是使 $f'(x)=0$ 的点，不可导点是使 $f'(x)$ 不存在的点. 函数的驻点和不可导点必须存在于函数的定义域内. 函数在其驻点和不可导点左右的单调性可能发生变化，也可能不发生变化.

（3）利用导数求函数的极值.

设 $f(x)$ 在 x_0 处连续，且在 x_0 的某去心领域 $\mathring{U}(x_0)$ 内可导，对于任意 $x\in\mathring{U}(x_0)$，

①若 $x<x_0$ 时，$f'(x)>0$；而 $x>x_0$ 时，$f'(x)<0$，则 $f(x)$ 在 x_0 处取得极大值 $f(x_0)$，x_0 是 $f(x)$ 的极大值点；

②若 $x<x_0$ 时，$f'(x)<0$；而 $x>x_0$ 时，$f'(x)>0$，则 $f(x)$ 在 x_0 处取得极小值 $f(x_0)$，x_0 是 $f(x)$ 的极小值点；

③若在 x_0 的左右两侧，$f'(x)$ 不变号，则 x_0 不是 $f(x)$ 的极值点.

注意

①函数的极值是一个局部概念，极值只是与极值点左右临近的函数值相比较大或较小，而不是函数的定义域内的最大值或最小值，函数的极值点只可能存在于区间内部，在区间的端点处不可能取得极值；

②函数可能存在多个极大值和极小值，极大值和极小值之间不存在绝对的大小关系. 例如极大值有可能比极小值小；

③函数的驻点和不可导点是函数可能的极值点.

利用导数求函数极值的解题步骤：

①确定函数的定义域；

②求出函数在其定义域内的所有可能极值点（驻点和不可导点）；

③根据函数所有可能极值点，将函数定义域划分成若干个子区间；

④判定每个可能极值点左右子区间内 $f'(x)$ 的符号，从而确定极值点并求出极值.

注意　如果函数在其驻点 $x_0(f'(x_0)=0)$ 处存在二阶导数 $f''(x_0)$，则

当 $f''(x_0)>0$ 时，函数在 x_0 处取得极小值，x_0 是函数的极小值点；

当 $f''(x_0)<0$ 时，函数在 x_0 处取得极大值，x_0 是函数的极大值点.

(4)利用导数求函数的最值.

①闭区间 $[a,b]$ 上连续函数 $f(x)$ 的最值. 由闭区间连续函数的性质可知，闭区间上的连续函数一定存在最大值和最小值.

解题步骤：首先，求出 $f(x)$ 在对应开区间 (a,b) 内的所有驻点和不可导点. 然后，将驻点、不可导点以及闭区间左右端点对应的若干函数值进行排序，其中最大的就是函数 $f(x)$ 在 $[a,b]$ 上的最大值，最小的就是 $f(x)$ 在 $[a,b]$ 上的最小值.

②实际问题的最值.

根据具体问题的性质可以判定该问题对应的函数 $f(x)$ 存在最大值还是最小值，而且最值一定在 $f(x)$ 定义区间内部唯一符合实际的驻点处取得.

解题步骤：首先，根据实际问题的性质构造函数 $f(x)$（通常是可导函数），确定 $f(x)$ 的定义域. 然后，求出 $f(x)$ 的唯一符合实际的驻点，驻点对应的函数值即为 $f(x)$ 的最值.

(5)曲线的凹凸性及拐点.

利用二阶导数可以判定曲线在其定义域内的凹凸性，并确定拐点.

①如果 (a,b) 内恒有 $f''(x)>0$，那么曲线 $y=f(x)$ 在 $[a,b]$ 上是凹的；

②如果 (a,b) 内恒有 $f''(x)<0$，那么 $y=f(x)$ 在 $[a,b]$ 上是凸的；

③曲线 $y=f(x)$ 凹凸性发生变化（二阶导数 $f''(x)$ 正负发生变化）的区间分界点就是曲线的拐点.

判定曲线 $f(x)$ 的凹凸性，求拐点的解题步骤如下：

①确定函数 $f(x)$ 的定义域；

②求出函数 $f(x)$ 的二阶导数 $f''(x)$；

③用使得 $f''(x)=0$ 的点和二阶导数不存在的点将函数定义域划分为若干个子区间；

④根据每个子区间内 $f''(x)$ 的符号判定曲线 $f(x)$ 在每个子区间内的凹凸性，左右两侧凹凸性发生变化（二阶导数 $f''(x)$ 正负发生变化）的区间分界点即为曲线 $f(x)$ 的拐点.

(6)边际分析.

五种经济函数:

①成本函数.

企业生产的总成本 C 分为两部分,一部分是固定成本(正式生产之前的先期投入);另一部分是可变成本(生产产品造成的成本). 即

$$C = C_{固定} + C_{可变}.$$

成本函数通常以产品产量 q 为自变量 $C=C(q)$.

平均成本:$\overline{C}(q)=\dfrac{C(q)}{q}$

②收益函数.

收益 R 是企业销售产品的收入,收益函数的计算公式为

$$R = 单价 \times 销售数量 = p \cdot q,$$

其中,p 为单价,q 为销售数量.

③利润函数.

企业利润 L 与其成本 C、收益 R 的关系为:

$$L = R - C.$$

④需求函数、价格函数.

需求函数表示一种商品的需求量 q 与价格 p 的关系,同一种商品的需求函数 $q=q(p)$ 与价格函数 $P=P(q)$ 互为反函数.

三种经济量的边际:

①边际成本 MC.

边际成本 $MC=C'(q)$,在经济学中,边际成本定义为在当前产量的基础上,产量增加一个单位时总成本的增量.

②边际收益 MR.

边际收益 $MR=R'(q)$,在经济学中,边际收益定义为在当前销量的基础上,再多销售一个单位产品时收益的增量.

③边际利润 ML

边际利润与边际成本、边际收益的关系为:

$$ML = MR - MC \Rightarrow L'(q) = R'(q) - C'(q).$$

注意　边际利润 $L'(q)=0$ 时,利润最大;$C'(q)=\overline{C}(q)$(边际成本等于平均成本)时,利润最大.

(7)经济量的弹性分析.

①一般函数的弹性函数 ε.

函数 $y=f(x)$ 的弹性函数为 $\varepsilon=\dfrac{y'}{\overline{y}}=f'(x)\cdot\dfrac{x}{f(x)}\left(\overline{y}=\dfrac{f(x)}{x}\right)$,它定量地描述了因变量在自变量变动时的反应程度.

由函数弹性公式可知 $\dfrac{\Delta y}{y}=\varepsilon\cdot\dfrac{\Delta x}{x}$,即在自变量 x 当前取值基础上,自变量变动 1% $\left(\left|\dfrac{\Delta x}{x}\right|=1\%\right)$,因变量随之变动 $|\varepsilon|\%$.(自变量与因变量的变动方向取决于 ε 的正负)

②需求弹性 ε_p.

需求弹性 ε_p 的讨论对象是产品的需求函数 $Q=Q(p)$,计算公式为

$$\varepsilon_p = \frac{Q'}{\overline{Q}} = Q'(p) \cdot \frac{p}{Q(p)}.$$

由于需求函数通常为单调递减函数,故边际需求 $Q'(p)<0$,因此需求弹性 $\varepsilon_p<0$.

当 $\varepsilon_p<-1$ 时,称为富有弹性,此时商品价格的变动对需求量的影响较大;

当 $-1<\varepsilon_p<0$ 时,称为缺乏弹性,此时商品价格的变动对需求量的影响不大;

当 $\varepsilon_p=-1$ 时,称为单位弹性,此时商品需求量的变动百分比与价格的变动百分比相等(不考虑变动方向).

注意 同一种商品在不同的定价上将使得该商品处于不同的需求弹性范围.

③需求弹性 ε_p 与收益 R 的关系.

需求弹性 ε_p 与收益 R 的关系式为

$$\frac{\Delta R}{R} \approx (1+\varepsilon_p)\frac{\Delta p}{p}.$$

当 $\varepsilon_p<-1$ 时,在商品当前价格的基础上,涨价 $1\%\left(\frac{\Delta p}{p}=1\%\right)$时,销售商品的收益减少 $|1+\varepsilon_p|\%$,降价 $1\%\left(\frac{\Delta p}{p}=-1\%\right)$时,销售商品的收益增加 $|1+\varepsilon_p|\%$;

当 $-1<\varepsilon_p<0$ 时,在商品当前价格的基础上,涨价 $1\%\left(\frac{\Delta p}{p}=1\%\right)$时,销售商品的收益增加 $(1+\varepsilon_p)\%$,降价 $1\%\left(\frac{\Delta p}{p}=-1\%\right)$时,销售商品的收益减少 $(1+\varepsilon_p)\%$;

当 $\varepsilon_p=-1$ 时,在商品当前价格的基础上,商品价格的小幅变动对销售收益几乎没有影响.

(8)曲率.

①弧微分.

在区间 (a,b) 内的光滑曲线 $y=f(x)$ 上的弧 s(弧段的方向与曲线正向一致)与 x 存在函数关系 $s=s(x)$,$s(x)$ 是单调递增函数,$s(x)$ 的微分(弧微分)公式如下:

$$\mathrm{d}s = \sqrt{1+y'^2}\,\mathrm{d}x.$$

②曲率.

曲率 K 是曲线 $y=f(x)$ 弯曲程度的量化表征,曲率公式如下:

$$K = \frac{|y''|}{(1+y'^2)^{\frac{3}{2}}}.$$

二、重点与难点

①导数的概念及其几何意义、单侧导数、可导与连续的关系.

②导数的四则运算法则、基本初等函数的导数公式.

③复合函数的求导法则、隐函数求导、分段函数在区间分界点处的导数.

④导数在函数研究(函数单调性、极值、最值)及经济分析中的应用.

⑤微分的概念、复合函数微分法则(一阶微分形式不变性).

典型例题解析

例 1　求下列函数的导数 y'.

(1) $y=x^2\sqrt{x}$；　　(2) $y=xe^x+3^x$；

(3) $y=\arcsin\frac{1}{x}$；　　(4) $y=\ln(\cos\sqrt{x})$.

解　(1) $y'=(x^2\sqrt{x})'=(x^{\frac{5}{2}})'=\frac{5}{2}x^{\frac{3}{2}}$；

(2) $y'=(xe^x+3^x)'=x'e^x+x(e^x)'+(3^x)'=e^x+xe^x+3^x\ln 3$；

(3) $y'=\left(\arcsin\frac{1}{x}\right)'=\frac{1}{\sqrt{1-\frac{1}{x^2}}}\cdot\left(-\frac{1}{x^2}\right)=-\frac{1}{|x|}\sqrt{\frac{1}{x^2-1}}$；

(4) $y'=[\ln(\cos\sqrt{x})]'=\frac{1}{\cos\sqrt{x}}\cdot(-\sin\sqrt{x})\cdot\frac{1}{2\sqrt{x}}=-\frac{\tan\sqrt{x}}{2\sqrt{x}}$.

例 2　设函数 $y=f(x)$ 由方程 $\sin(xy)+\ln(y-x)=x$ 确定,求 $dy|_{x=0}$.

解　将方程两边同时对 x 求导

$$[\sin(xy)]'+[\ln(y-x)]'=x'$$

$$(y+xy')\cos(xy)+\frac{y'-1}{y-x}=1$$

$$y'=\frac{y-x+(xy-y^2)\cos(xy)+1}{(xy-x^2)\cos(xy)+1}$$

易知 $x=0$ 时,$y=1$,因此 $dy|_{x=0}=dx$.

例 3　求函数 $y=\sqrt{\frac{x(x+1)}{(x+2)(x+3)}}\ (x>0)$ 的导数 y'.

解　对等式两边取自然对数,得

$$\ln y=\ln\sqrt{\frac{x(x+1)}{(x+2)(x+3)}}=\frac{1}{2}[\ln x+\ln(x+1)-\ln(x+2)-\ln(x+3)]$$

对方程两边求导,得

$$(\ln y)'=\frac{1}{2}[\ln x+\ln(x+1)-\ln(x+2)-\ln(x+3)]'$$

$$\frac{1}{y}y'=\frac{1}{2}\left[\frac{1}{x}+\frac{1}{x+1}-\frac{1}{x+2}-\frac{1}{x+3}\right]$$

$$y'=\frac{1}{2}y\left[\frac{1}{x}+\frac{1}{x+1}-\frac{1}{x+2}-\frac{1}{x+3}\right],$$

将 y 的表达式代入,得

$$y'=\frac{1}{2}\sqrt{\frac{x(x+1)}{(x+2)(x+3)}}\cdot\left[\frac{1}{x}+\frac{1}{x+1}-\frac{1}{x+2}-\frac{1}{x+3}\right].$$

注意 对数求导法适用于由几个因子通过乘、除、乘方、开方所构成的比较复杂的函数(包括幂指函数)的求导.

例4 若过曲线 $y=3x^2$ 上的点 M 的切线与过点 $A(-1,2)$、$B(0,8)$ 的直线平行,求点 M 的坐标.

解 因为过点 $A(-1,2)$、$B(0,8)$ 的直线的斜率为

$$k^* = \frac{8-2}{0-(-1)} = 6,$$

而两条平行直线的斜率相等,故曲线过点 M 的切线斜率 $k=k^*=6$.

由导数的几何意义可知,过点 M 的切线斜率等于函数 $y=3x^2$ 在点 M 处的导数,即

$$y' = (3x^2)' = 6x = 6 \Rightarrow x = 1,$$

因此,点 M 的坐标为(1,3).

例5 已知 $f(x)=\begin{cases} x^2 & x\leqslant 1 \\ ax+b & x>1 \end{cases}$ 在 $x=1$ 处可导,确定常数 a、b 的值.

解 由函数在 $x=1$ 处可导可得

$$f'_-(1) = f'_+(1) \Rightarrow (x^2)'_{x=1} = (ax+b)'_{x=1} \Rightarrow a = 2,$$

$$\lim_{x\to 1^-} f(x) = \lim_{x\to 1^+} f(x) \Rightarrow \lim_{x\to 1^-} x^2 = \lim_{n\to 1^+}(2x+b)$$

$$\Rightarrow 1 = 2+b \Rightarrow b = -1,$$

即 $a=2$、$b=-1$.

注意 在讨论分段函数区间分界点处的相关问题时,常通过单侧可导性、单侧连续性、单侧极限进行分析.

例6 求函数 $y=5^x$ 的 n 阶导数 $y^{(n)}(1)$.

解 $y'=(5^x)'=5^x\ln 5$, $y''=(5^x\ln 5)'=5^x(\ln 5)^2$, $y'''=5^x(\ln 5)^3$,

一般地,可得

$$y^{(n)}(x) = 5^x(\ln 5)^n,$$

因此,$y^{(n)}(1)=5(\ln 5)^n$.

例7 求函数 $f(x)=(x-1)(x+1)^{\frac{2}{5}}$ 的极值.

解 所给函数的定义域为 $\mathbf{R}$.

令 $f'(x)=[(x-1)(x+1)^{\frac{2}{5}}]'=\dfrac{1}{5}\cdot\dfrac{7x+3}{\sqrt[5]{(x+1)^3}}=0$ 得 $x=-\dfrac{3}{7}$ 是函数的驻点,$x=-1$ 是函数的不可导点,见表 2.2.

表 2.2

x	$(-\infty,-1)$	-1	$\left(-1,-\frac{3}{7}\right)$	$-\frac{3}{7}$	$\left(-\frac{3}{7},+\infty\right)$
$f'(x)$	+	不存在	−	0	+
极值点		极大值点		极小值点	

因此,函数的极大值为 $f(-1)=0$;极小值为 $f\left(-\dfrac{3}{7}\right)=-\dfrac{10}{7}\left(\dfrac{4}{7}\right)^{\frac{2}{5}}$.

例 8　求函数 $y=\ln(1+x^2)$ 在区间 $[-1,2]$ 上的最值.

解　令 $y'=[\ln(1+x^2)]'=\frac{2x}{1+x^2}=0$ 得 $x=0$ 是函数的驻点,函数没有不可导点.

计算驻点 $x=0$ 及区间端点对应的函数值如下:

$f(0)=0$, $f(-1)=\ln 2$, $f(2)=\ln 5$.

因此,函数在区间 $[-1,2]$ 上的最大值为 $f(2)=\ln 5$,最小值为 $f(0)=0$.

例 9　求函数 $f(x)=x^3-5x^2+3x-5$ 的凹凸区间及拐点.

解　函数的定义域为 **R**.

$$f'(x)=(x^3-5x^2+3x-5)'=3x^2-10x+3,$$

令 $f''(x)=(3x^2-10x+3)'=6x-10=0$ 得 $x=\frac{5}{3}$ 是函数二阶导数为零的点,函数没有二阶导数不存在的点,见表 2.3.

表 2.3

x	$\left(-\infty,\frac{5}{3}\right)$	$\frac{5}{3}$	$\left(\frac{5}{3},+\infty\right)$
$f''(x)$	$-$	0	$+$
凹凸性	凸		凹

因此,曲线 $f(x)$ 在 $\left(-\infty,\frac{5}{3}\right]$ 上是凸的;在 $\left[\frac{5}{3},+\infty\right)$ 上是凹的,拐点为 $\left(\frac{5}{3},-\frac{250}{27}\right)$.

例 10　已知某商品的需求函数为 $Q=108-p^2$,

(1)求该商品定价为 $p=3$ 时的需求弹性,并说明其经济意义;

(2)讨论在定价为 $p=3$ 的基础上,价格变动 1% 时,对该商品销售收益有何影响;

(3)求销售收益最大时的商品定价及最大收益.

解　(1)因为

$$Q'=(108-p^2)'=-2p,$$

由需求弹性 $\varepsilon_p=\frac{P}{Q}\cdot Q'=\frac{P}{108-p^2}\times(-2p)=\frac{2p^2}{p^2-108}$,可得,当 $p=3$ 时,$\varepsilon_p\approx-0.18$,说明在 $p=3$ 的基础上,价格上涨(下降)1%,需求量减少(增加)0.18%.

(2)由需求弹性 ε_p 与收益 R 的关系式 $\frac{\Delta R}{R}\approx(1+\varepsilon_p)\frac{\Delta p}{p}$ 可知,当 $p=3$ 时,价格上涨(下降)1%,收益增加(减少)0.82%.

(3)由需求函数 $Q=108-p^2$ 可得收益对价格的函数表达式为

$$R=Qp=p(108-p^2).$$

当需求弹性 $\varepsilon_p=-1$(单位弹性)时,销售收益最大.

令 $\varepsilon_p=\frac{2p^2}{p^2-108}=-1$ 得 $p=6$ 时,销售收益最大. 最大收益为

$$R=432.$$

本章测试题及解答

本章测试题

1. 判断题

(　　)(1)函数 $f(x)$ 在 x_0 处可导是 $f(x)$ 在 x_0 处连续的必要条件.

(　　)(2)若对于任意 $x\in\mathbf{R}$ 有 $f'(x)=3$，则 $f(x)=3x+k$(k 为任意常数).

(　　)(3)函数 $y=\sin 2x$ 的在 $x=\pi$ 处的微分等于 2.

(　　)(4)函数 $f(x)$ 的可能极值点也是其可能最值点.

(　　)(5)若商品的需求函数已知，则不同的定价将使商品处于不同的需求弹性范围.

2. 选择题

(1)对于函数 $y=f(x)$，当自变量 x 由 x_0 改变到 $x_0+\Delta x$ 时，相应的函数改变量为(　　).

A. $f(x_0)+\Delta x$　　B. $f(x_0+\Delta x)-f(x_0)$　　C. $f(x_0+\Delta x)$　　D. $f(x_0)\Delta x$

(2)已知物体的运动规律为 $s=3t^2-2t+1$(m)，则物体在 $t=3$ s 时的速度(m/s)为(　　).

A. 18　　B. 20　　C. 16　　D. 24

(3)设函数 $f(x)=x(x-2)(x+3)(x+4)$，则 $f'(0)=$(　　).

A. -24　　B. 24　　C. 0　　D. -12

(4)设函数 $y=f(x^3)$ 可导，则 $\frac{dy}{dx}=$(　　).

A. $f'(x^3)$　　B. $x^3f'(x^3)$　　C. $3x^2f(x^3)$　　D. $3x^2f'(x^3)$

(5)设函数 $y=f(x)$ 在 $x=x_0$ 处可微分，则 $\lim\limits_{x\to x_0}\Delta y=$(　　).

A. x_0　　B. 0　　C. 不存在　　D. $f(x_0)$

(6)函数 $f(x)=\frac{1}{x}$ 的 n 阶导数 $f^{(n)}(x)$ 为(　　).

A. $\frac{(-1)^{n+1}}{n!}x^{-(n+1)}$　　B. $\frac{(-1)^n}{n!}x^{-(n+1)}$　　C. $\frac{(-1)^{n-1}}{n!}x^{n+1}$　　D. $\frac{(-1)^{n+1}}{n!}x^{-n}$

(7) 由方程 $y^3-x^3-3xy=0$ 所确定的隐函数的导数 $\frac{dy}{dx}$ 为(　　).

A. $y'=\frac{x^2+y}{x-y^2}(x-y^2\neq 0)$　　B. $y'=\frac{x^2+y}{y^2-x}(y^2-x\neq 0)$

C. $y'=\frac{x^2y}{y-x}(y-x\neq 0)$　　D. $y'=\frac{x+y}{y^2-x}(y^2-x\neq 0)$

(8)下列极限可以用洛必达法则求解的是(　　).

A. $\lim\limits_{x\to 0}\frac{(1-\cos x)\cos\frac{1}{x}}{2x\sin x}$　　B. $\lim\limits_{x\to\infty}\frac{x^3-x}{\sin x+2x^3}$

C. $\lim\limits_{x\to 1}\dfrac{x^3-2x+1}{1-x^3+x^2}$　　D. $\lim\limits_{x\to 0}\dfrac{1-\cos x}{1-\cos 2x}$

(9) 函数 $f(x)=(x-1)\sqrt[3]{x^2}$ 的单调递减区间是(　　).

A. $(-\infty,0]$　　B. $\left[\dfrac{2}{5},+\infty\right)$　　C. $\left[0,\dfrac{2}{5}\right]$　　D. $\left(-\infty,\dfrac{2}{5}\right]$

(10) 已知某商品的需求函数为 $Q=48-p^2$,则该商品属于单位需求弹性时对应的价格是(　　).

A. $p=2$　　B. $p=3$　　C. $p=4$　　D. $p=5$

3. 填空题

(1) 设 $f(x)$ 在 x_0 处可导,则 $\lim\limits_{\Delta x\to 0}\dfrac{f(x_0-\Delta x)-f(x_0)}{2\Delta x}=$________.

(2) 曲线 $f(x)=x^3-2$ 在点 $(1,-1)$ 处的切线方程为________,法线方程为________.

(3) $f(x)=x\sin x-\cos 2x$,则 $f'\left(\dfrac{\pi}{4}\right)=$________.

(4) 若 $f(x)$ 是可导函数,则 $f'(x_0)=0$ 是 $f(x)$ 在 $x=x_0$ 取得极值的________条件.

(5) 曲线 $f(x)=x^3-x+3$ 在区间________上是凹的,在区间________上是凸的,曲线的拐点是________.

4. 解答题

(1) 求下列函数的导数:

A. $y=\dfrac{\sin x}{1+\cos x}$　　B. $y=(x+1)(x-3)$

C. $y=(\arcsin\sqrt{x})^2$　　D. $y=\sqrt{\sin 2x}$

(2) 运用洛必达法则求解极限 $\lim\limits_{x\to 0}\dfrac{\tan x-x}{x-\sin x}$.

(3) 求函数 $y=x^3+3x^2$ 的极值点和极值.

(4) 学生对某一知识点的学习兴趣 I 与教师讲解时间 $t\in[0,45]$(min)的函数关系式为 $I(t)=-t^2+20t+50$,讨论 t 为何值时,学生对该知识点的学习兴趣最大.

(5) 已知某商品的需求函数为 $Q=27-p^2$.

①求该商品定价为 $p=2$ 时的需求弹性,并说明其经济意义;

②讨论在定价为 $p=2$ 的基础上,价格变动 1% 对该商品销售收益有何影响;

③求销售收益最大时的商品定价及最大收益.

本章测试题解答

1. 判断题

(1) 错误. 因为函数 $f(x)$ 在 x_0 处可导则 $f(x)$ 在 x_0 处一定连续,但 $f(x)$ 在 x_0 处连续时不一定在 x_0 处可导.

(2) 正确.

(3) 错误. 因为 $dy=(\sin 2x)'dx=2\cos 2xdx$,则 $dy\big|_{x=\pi}=2dx$.

(4) 正确. 函数如果存在最值,则在可能极值点处或区间端点处取得.

(5)正确. 商品所属的需求弹性范围由商品的定价确定.

2. 选择题

(1)B. 函数改变量等于 $x_0+\Delta x$ 与 x_0 对应的函数值之差.

(2)C. 因为作变速直线运动的物体,某一时刻的瞬时速度与运动方程的关系为 $v(t)=s'(t)$.

(3)A. $f'(x)=[x(x-2)(x+3)(x+4)]'=(x-2)(x+3)(x+4)+x[(x-2)(x+3)(x+4)]'$

$f'(0)=-24$.

(4)D. 复合函数的导数等于各层导数的乘积.

(5)B. 若函数 $y=f(x)$ 在 $x=x_0$ 处可微分,则函数 $y=f(x)$ 在 $x=x_0$ 处必定连续.

(6)B. $f'(x)=-x^{-2}$、$f''(x)=\dfrac{(-1)^2}{2!}x^{-3}$、$f'''(x)=\dfrac{(-1)^3}{3!}x^{-4}$、…、$f^{(n)}(x)=\dfrac{(-1)^n}{n!}x^{-(n+1)}$.

(7)B. $(y^3-x^3-3xy)'=0\Rightarrow 3y^2y'-3x^2-3y-3xy'=0$

$$\Rightarrow y'=\frac{x^2+y}{y^2-x}(y^2-x\neq 0).$$

(8)D. 因为 A、B 中含自变量变化过程中的有界函数,C 既不是“$\dfrac{0}{0}$”未定式也不是“$\dfrac{\infty}{\infty}$”未定式.

(9)C. 因为在区间$\left(0,\dfrac{2}{5}\right)$内 $f'(x)<0$,在函数$f(x)$定义域其他子区间内 $f'(x)\geqslant 0$.

(10)C. $\varepsilon_p=\dfrac{P}{Q}\cdot Q'=\dfrac{2p^2}{p^2-48}$,令 $\varepsilon_p=-1$ 得 $p=4$.

3. 填空题

(1) $-\dfrac{1}{2}f'(x_0)$.

$$\lim_{\Delta x\to 0}\frac{f(x_0-\Delta x)-f(x_0)}{2\Delta x}=-\frac{1}{2}\lim_{\Delta x\to 0}\frac{f(x_0-\Delta x)-f(x_0)}{-\Delta x}.$$

(2) $3x-y-4=0$;$x+3y+2=0$.

(3) $2+\dfrac{\sqrt{2}}{2}+\dfrac{\sqrt{2}}{8}\pi$.

(4)必要.

(5) $[0,+\infty)$;$(-\infty,0]$;$(0,3)$.

4. 解答题

(1)A. $y'=\left(\dfrac{\sin x}{1+\cos x}\right)'=\dfrac{(1+\cos x)\cos x+\sin^2 x}{(1+\cos x)^2}=\dfrac{1}{1+\cos x}$;

B. $y'=[(x+1)(x-3)]'=(x^2-2x-3)'=2x-2$;

C. $y'=[(\arcsin\sqrt{x})^2]'=2\arcsin\sqrt{x}\cdot\dfrac{1}{\sqrt{1-x}}\cdot\dfrac{1}{2\sqrt{x}}=\dfrac{\arcsin\sqrt{x}}{\sqrt{x-x^2}}$;

D. $y'=(\sqrt{\sin 2x})'=\dfrac{1}{2\sqrt{\sin 2x}}\cdot\cos 2x\cdot 2=\dfrac{\cos 2x}{\sqrt{\sin 2x}}=\cot 2x\sqrt{\sin 2x}$.

(2)该极限为“$\frac{0}{0}$”型未定式

$$\lim_{x\to 0}\frac{\tan x - x}{x - \sin x} = \lim_{x\to 0}\frac{(\tan x - x)'}{(x - \sin x)'} = \lim_{x\to 0}\frac{\sec^2 x - 1}{1 - \cos x}$$

$$= \lim_{x\to 0}\frac{\tan^2 x}{1 - \cos x} = \lim_{x\to 0}\frac{2\tan x \cdot \sec^2 x}{\sin x} = 2.$$

(3)所给函数的定义域为 **R**.

令 $f'(x) = (x^3 + 3x^2)' = 3x^2 + 6x = 3x(x+2) = 0$ 得 $x = 0$ 和 $x = -2$ 是函数的驻点,函数没有不可导点,见表 2.4.

表 2.4

x	$(-\infty, -2)$	-2	$(-2,0)$	0	$(0, +\infty)$
$f'(x)$	+	0	−	0	+
极值点		极大值点		极小值点	

因此,函数的极大值为 $f(-2) = 4$;极小值为 $f(0) = 0$.

(4)令 $I'(t) = (-t^2 + 20t + 50)' = -2t + 20 = 0$,得唯一驻点 $t = 10$.

当 $t < 10$ 时,$I'(t) > 0$,学生的学习兴趣递增;

当 $t > 10$ 时,$I'(t) < 0$,学生的学习兴趣递减.

因此,教师讲课开始后的第 10 分钟学生的学习兴趣最大.

(5)①因为

$$Q' = (27 - p^2)' = -2p,$$

由 $\varepsilon_p = \frac{P}{Q} \cdot Q'$可得 $\varepsilon_p = \frac{2p^2}{p^2 - 27}$,当 $p = 2$ 时,$\varepsilon_p \approx -0.35$,说明当 $p = 2$ 时,价格上涨(下降)1%,需求量减少(增加)0.35%.

②由需求弹性 ε_p 与收益 R 的关系式$\frac{\Delta R}{R} \approx (1 + \varepsilon_p)\frac{\Delta p}{p}$可知,当 $p = 2$ 时,价格上涨(下降)1%,收益增加(减少)0.65%.

③由需求函数 $Q = 27 - p^2$ 可得收益对价格的函数表达式为

$$R = Qp = p(27 - p^2).$$

当 $\varepsilon_p = -1$(单位弹性)时,销售收益最大,令

$\varepsilon_p = \frac{2p^2}{p^2 - 27} = -1$ 得 $p = 3$ 时,收益最大. 最大收益为 $R = 54$.

第 3 章 积分及其应用

本章归纳与总结

一、内容提要

本章主要由具体问题引入定积分的概念,并逐步介绍求积分的方法,最后将积分法应用到实际生活中.

1. 定积分概念与性质

(1)定积分的概念.

定义 1 设函数 $y = f(x)$ 在区间 $[a,b]$ 上有界,用分点 $a = x_0 < x_1 < x_2 < \cdots < x_{n-1} < x_n = b$ 将区间 $[a,b]$ 分成 n 个小区间 $[x_{i-1},x_i]$ $(i = 1,2,\cdots,n)$,区间长度为 $\Delta x_i = x_i - x_{i-1}$,其中,在每一个小区间 $[x_{i-1},x_i]$ 上任取一点 $\xi_i \in [x_{i-1},x_i]$,如果极限 $\lim\limits_{\lambda\to 0}\sum\limits_{i=1}^{n} f(\xi_i)\Delta x_i$ $(\lambda = \max\{\Delta x_i\})$ 存在,则称函数 $f(x)$ 在区间 $[a,b]$ 上是可积的,并称此极限为函数 $f(x)$ 在 $[a,b]$ 上的定积分,记作 $\int_a^b f(x)\,\mathrm{d}x$,即

$$\int_a^b f(x)\,\mathrm{d}x = \lim_{\lambda\to 0}\sum_{i=1}^{n} f(\xi_i)\Delta x_i.$$

其中,$\int$ 称为积分号,$f(x)$ 称为被积函数,$f(x)\,\mathrm{d}x$ 称为被积表达式,x 称为积分变量,a 称为积分下限,b 称为积分上限,$[a,b]$ 称为积分区间.

注意 定积分的值与被积函数和积分区间有关,与积分变量的符号无关,与区间的分割方法及 ξ_i 的取法无关. 即

$$\int_a^b f(x)\,\mathrm{d}x = \int_a^b f(t)\,\mathrm{d}t = \int_a^b f(u)\,\mathrm{d}u.$$

(2)定积分的几何意义.

$\int_a^b f(x)\,\mathrm{d}x$ 的几何意义:介于 x 轴、函数 $f(x)$ 的图形及两条直线 $x = a, x = b$ 之间的各部分

面积的代数和. 在 x 轴上方的面积取正号;在 x 轴下方的面积取负号.

(3)定积分的性质.

性质 1　当 $a=b$ 时,$\int_a^b f(x)\mathrm{d}x=0$.

性质 2　$\int_a^b f(x)\mathrm{d}x=-\int_b^a f(x)\mathrm{d}x$.

性质 3　$\int_a^b kf(x)\mathrm{d}x=k\int_a^b f(x)\mathrm{d}x$.

性质 4　$\int_a^b [f(x)\pm g(x)]\mathrm{d}x=\int_a^b f(x)\mathrm{d}x\pm\int_a^b g(x)\mathrm{d}x$.

性质 5　对于任意 3 个数 a,b,c 恒有

$$\int_a^b f(x)\mathrm{d}x=\int_a^c f(x)\mathrm{d}x+\int_c^b f(x)\mathrm{d}x.$$

性质 6　如果在$[a,b]$上,$f(x)=1$,则$\int_a^b f(x)\mathrm{d}x=\int_a^b 1\mathrm{d}x=b-a$.

性质 7　如果在$[a,b]$上,$f(x)\geqslant 0$,则$\int_a^b f(x)\mathrm{d}x\geqslant 0$.

性质 8　如果在$[a,b]$上,$f(x)\geqslant g(x)$,则$\int_a^b f(x)\mathrm{d}x\geqslant\int_a^b g(x)\mathrm{d}x$.

2. 积分上限函数

定义 2　设函数 $f(x)$ 在区间$[a,b]$上连续,对于$[a,b]$上的任一点 x,由于 $f(t)$ 在$[a,x]$上连续,则定积分$\int_a^x f(t)\mathrm{d}t$ 存在. 于是$\int_a^x f(t)\mathrm{d}t$ 是一个关于变量 x 的函数,称为积分上限函数,记作 $\Phi(x)$,即 $\Phi(x)=\int_a^x f(t)\mathrm{d}t(a\leqslant x\leqslant b)$.

3. 微积分基本定理

定理 1　如果函数 $f(t)$ 在区间$[a,b]$上连续,则积分上限函数可导,且 $\Phi'(x)=\left[\int_a^x f(t)\mathrm{d}t\right]'=f(x)(a\leqslant x\leqslant b)$.

定理 2(牛顿-莱布尼茨公式)　如果函数 $F(x)$ 是连续函数 $f(x)$ 在$[a,b]$上的一个原函数,则$\int_a^b f(x)\mathrm{d}x=F(x)\big|_a^b=F(b)-F(a)$.

4. 不定积分

(1)原函数的概念.

定义 3　设在区间 I 上,如果有 $F'(x)=f(x)$[或 $\mathrm{d}F(x)=f(x)\mathrm{d}x$],就称 $F(x)$ 为 $f(x)$ 在 I 上的一个**原函数**.

(2)不定积分的概念.

定义 4　设在区间 I 上,如果有 $F'(x)=f(x)$[或 $\mathrm{d}F(x)=f(x)\mathrm{d}x$]则称 $F(x)+C$ 为函数 $f(x)$ 在区间 I 上的不定积分,记作$\int f(x)\mathrm{d}x$,即

$$\int f(x)\mathrm{d}x=F(x)+C.$$

其中,$\int$ 称为不定积分号,$f(x)$ 称为被积函数,$f(x)\mathrm{d}x$ 称为被积表达式,x 称为积分变量,C 称

为积分常数.

(3)不定积分的性质.

性质1 不定积分与导数(微分)是互逆运算,即

$$\left(\int f(x)\mathrm{d}x\right)' = f(x) \text{ 或 } \mathrm{d}\int f(x)\mathrm{d}x = f(x)\mathrm{d}x.$$

$$\int f'(x)\mathrm{d}x = f(x) + C \text{ 或} \int \mathrm{d}f(x) = f(x) + C.$$

性质2 $\int kf(x)\mathrm{d}x = k\int f(x)\mathrm{d}x.$

性质3 $\int [f(x) + g(x)]\mathrm{d}x = \int f(x)\mathrm{d}x + \int g(x)\mathrm{d}x.$

(4)不定积分的积分法.

①第一换元积分法(凑微分法).

定理5 如果$\int f(x)\mathrm{d}x = F(x) + C$,且 $u = \varphi(x)$ 可导,则

$$\int f(\varphi(x))\varphi'(x)\mathrm{d}x = \int f[\varphi(x)]\mathrm{d}\varphi(x) \xlongequal{\text{令}\varphi(x) = u} \int f(u)\mathrm{d}u$$

$$= F(u) + C \xlongequal{u = \varphi(x)} F[\varphi(x)] + C$$

②第二换元积分法.

定理6 设 $x=\varphi(t)$ 是单调可导的函数,如果 $f[\varphi(t)]\varphi'(t)\mathrm{d}t$ 可积,则

$$\int f(x)\mathrm{d}x = \int f[\varphi(t)]\varphi'(t)\mathrm{d}t,$$

其中 $t=\varphi^{-1}(x)$ 是 $x=\varphi(t)$ 的反函数.

第二换元积分法一般有如下三种代换:

a. 根式代换.

当被积函数中含有 $\sqrt[n]{ax+b}$ 时,作代换 $\sqrt[n]{ax+b}=t$.

b. 三角代换.

当被积函数含有 $\sqrt{a^2-x^2}$ 时,作代换 $x=a\sin t$ 或 $x=a\cos t$;

当被积函数含有 $\sqrt{x^2+a^2}$ 时,作代换 $x=a\tan t$;

当被积函数含有 $\sqrt{x^2-a^2}$ 时,作代换 $x=a\sec t$.

上述三种代换称为三角代换. 利用三角代换,可以把根式积分化为三角有理式积分.

c. 倒代换.

当被积函数的分母次幂较高时,作代换 $x=\dfrac{1}{t}$, $\mathrm{d}x = -\dfrac{1}{t^2}\mathrm{d}t$.

③分部积分法.

$$\int uv'\mathrm{d}x = \int u\mathrm{d}v = uv - \int v\mathrm{d}u = uv - \int u'v\mathrm{d}x$$

注意 u 和 v' 的选取,可以根据口诀"反对幂指三",其中,"反"为反三角函数,"对"为对数函数,"幂"为幂函数,"指"为指数函数,"三"为三角函数. 在前面的当作 u,在后面的当作 v'.

5.定积分的积分法

(1)换元积分法.

设函数 $f(x)$ 在 $[a,b]$ 或 $[b,a]$ 上连续，函数 $x=\varphi(t)$ 在 $[\alpha,\beta]$ 或 $[\beta,\alpha]$ 上有连续导数，且 $\varphi(\alpha)=a,\varphi(\beta)=b$，则

$$\int_a^b f(x)\mathrm{d}x=\int_\alpha^\beta f[\varphi(t)]\mathrm{d}\varphi(t)=\int_\alpha^\beta f[\varphi(t)]\varphi'(t)\mathrm{d}t.$$

设 $f(x)$ 在 $[-a,a]$ 上连续，则 $\int_{-a}^a f(x)\mathrm{d}x=\int_0^a[f(x)+f(-x)]\mathrm{d}x$.

① 若 $f(x)$ 为偶函数，则 $\int_{-a}^a f(x)\mathrm{d}x=2\int_0^a f(x)\mathrm{d}x$；

② 若 $f(x)$ 为奇函数，则 $\int_{-a}^a f(x)\mathrm{d}x=0$.

(2)分部积分法.

$$\int_a^b uv'\mathrm{d}x=\int_a^b u\mathrm{d}v=uv\Big|_a^b-\int_a^b v\mathrm{d}u=uv\Big|_a^b-\int_a^b u'v\mathrm{d}x.$$

注意　u 和 v' 的选取，还是根据口诀“反对幂指三”，在前面的当作 u，在后面的当作 v'.

6.定积分的应用

(1)面积.

① 设平面图形由连续曲线 $y=f(x)$、$y=g(x)$ 及直线 $x=a$、$x=b$ 所围成，并且在 $[a,b]$ 上 $f(x)\geqslant g(x)$，则该图形的面积为 $A=\int_a^b[f(x)-g(x)]\mathrm{d}x$.

② 设平面图形由连续曲线 $x=\varphi(y)$、$x=\psi(y)$ 及直线 $y=c,y=d$ 所围成，并且在 $[c,d]$ 上 $\varphi(y)\geqslant\psi(y)$，则该图形的面积为 $A=\int_c^d[\varphi(y)-\psi(y)]\mathrm{d}y$.

(2)体积.

① 已知平面截面的立体体积　设有一立体，其垂直于 x 轴的截面面积函数式是已知连续函数 $S(x)$，且立体位于 $x=a$、$x=b$ 两点处垂直于 x 轴的两个平面之间，则该立体的体积为 $V=\int_a^b S(x)\mathrm{d}x$.

②旋转体的体积　平面区域 $D:0\leqslant y\leqslant f(x),a\leqslant x\leqslant b$，绕 x 轴旋转一周，所生成的立体的体积为 $V=\int_a^b\pi[f(x)]^2\mathrm{d}x$；平面区域 $D:0\leqslant x\leqslant\varphi(y),c\leqslant y\leqslant d$，绕 y 轴旋转一周，所生成的立体的体积为 $V=\int_c^d\pi[\varphi(y)]^2\mathrm{d}y$.

(3)弧长.

直角坐标系：曲线方程为 $y=f(x),a\leqslant x\leqslant b$，则 $s=\int_a^b\mathrm{d}s=\int_a^b\sqrt{1+y'^2}\mathrm{d}x$.

(4)功.

设物体在变力 $F(x)$ 作用下从 $x=a$ 移动到 $x=b$，则

$$W=\int_a^b F(x)\mathrm{d}x.$$

(5)积分在经济分析中的应用.

①总产量函数. 若产量 Q 对时间 t 的变化率为 $Q'(t)=f(t)$，则总产量函数为

$$Q(t)=\int Q'(t)\mathrm{d}t=\int f(t)\mathrm{d}t.$$

在时间间隔$[t_1,t_2]$内的总产量 Q 为

$$Q(t)=\int_{t_1}^{t_2}Q'(t)\mathrm{d}t=\int_{t_1}^{t_2}f(t)\mathrm{d}t.$$

②总需求函数. 若边际需求 $Q'(p)=f(p)$,则总需求函数为

$$Q(p)=\int Q'(p)\mathrm{d}p=\int f(p)\mathrm{d}p.$$

③总成本函数. 若边际成本为 $C'(x)$,且产量为零时的成本为零,则产量为 x 时的总成本函数为

$$C(x)=\int_0^x C'(x)\mathrm{d}x.$$

当产量为零时的成本为 $C(0)$(即固定成本为 $C(0)$),则产量为 x 时的总成本函数为

$$C(x)=\int_0^x C'(x)\mathrm{d}x+C(0).$$

④总收益函数. 设总收益函数为 $R(Q)$,边际收益函数为 $R'(Q)$,则销售 Q 个单位时的总收益函数为

$$R(Q)=\int_0^Q R'(Q)\mathrm{d}Q,$$

其中,$R(0)=0$,即假定销售量为零时,总收益为零.

⑤总利润函数. 设边际收益为 $R'(Q)$,边际成本为 $C'(Q)$,则边际利润为 $L'(Q)=R'(Q)-C'(Q)$,利润为

$$L(Q)=\int_0^Q L'(Q)\mathrm{d}Q=R(Q)-C(Q).$$

7. 常微分方程

(1)常微分方程的概念.

含有未知量的导数或微分的方程称为**微分方程**. 未知函数是一元函数的方程称为**常微分方程**;方程中含有的未知量的导数或微分的最高阶数,称为**微分方程的阶**.

如果把某函数 $y=\varphi(x)$ 代入微分方程,能使方程成为恒等式,那么称此函数为**微分方程的解**. 如果微分方程的解中含有任意常数,且任意常数的个数与微分方程的阶数相同,这样的解称为微分方程的**通解**. 确定了通解中任意常数,就得到了微分方程的**特解**.

对于 n 阶方程 $y^{(n)}=f(x,y,y',\cdots,y^{(n-1)})$ 初始条件可表示为

$$y(x_0)=y_0,y'(x_0)=y'_0,y''(x_0)=y''_0,\cdots,y^{(n-1)}(x_0)=y_0^{(n-1)}.$$

n 阶方程初值问题的表示:

$$\begin{cases}y^{(n)}=f(x,y,y',\cdots,y^{(n-1)})\\y(x_0)=y_0,y'(x_0)=y'_0,y''(x_0)=y''_0,\cdots,y^{(n-1)}(x_0)=y_0^{(n-1)}.\end{cases}$$

(2)常微分方程的解法.

①可分离变量的一阶微分方程.

形如

$$\frac{\mathrm{d}y}{\mathrm{d}x}=f(x)\cdot g(x)$$

的微分方程称为**可分离变量的一阶微分方程**,其特点是函数的导数等于 x 的变量式与 y 的变量式的积的形式.

求解可分离变量的微分方程的步骤:

a. 分离变量,将含有 x 的变量式与 $\mathrm{d}x$ 分离在等式的一边,含 y 的变量式与 $\mathrm{d}y$ 分离在等式的另一边,即 $\frac{1}{g(y)}\mathrm{d}y = f(x)\,\mathrm{d}x$.

b. 等式两边积分求通解. 即 $\int \frac{1}{g(y)}\mathrm{d}y = \int f(x)\,\mathrm{d}x$.

②一阶线性微分方程.

形如

$$\frac{\mathrm{d}y}{\mathrm{d}x} + P(x)y = Q(x)$$

的微分方程称为一阶线性微分方程. 其特点是未知数 y 及其导数均为一次,当 $Q(x) \neq 0$ 时,称为一阶线性非齐次微分方程;当 $Q(x) = 0$ 时,称为一阶线性齐次微分方程,即 $\frac{\mathrm{d}y}{\mathrm{d}x} + P(x)y = 0$.

对齐次线性方程 $\frac{\mathrm{d}y}{\mathrm{d}x} + P(x)y = 0$,可用分离变量法求其通解,分离变量 $\frac{\mathrm{d}y}{y} = -P(x)\,\mathrm{d}x$,两边积分 $\int \frac{1}{y}\mathrm{d}y = -\int P(x)\,\mathrm{d}x$,得 $\ln|y| = -\int P(x)\,\mathrm{d}x + \ln C_1$,通解为 $y = \pm \mathrm{e}^{C_1}\mathrm{e}^{-\int P(x)\,\mathrm{d}x} = C\mathrm{e}^{-\int P(x)\,\mathrm{d}x}$.

对非齐次线性方程 $\frac{\mathrm{d}y}{\mathrm{d}x} + P(x)y = Q(x)$,可用“常数变易法”,其解法就是在其对应的齐次微分方程的通解 $y = C\mathrm{e}^{-\int P(x)\,\mathrm{d}x}$ 的基础上,将任意积分常量 C 变为变量函数 $C(x)$,代入一阶线性非齐次微分方程,其具体步骤为:

a. 求出对应的齐次微分方程 $\frac{\mathrm{d}y}{\mathrm{d}x} + P(x)y = 0$ 的通解为

$$y = C\mathrm{e}^{-\int P(x)\,\mathrm{d}x}.$$

b. 常数变易,设非齐次微分方程的通解为 $y = C(x)\mathrm{e}^{-\int P(x)\,\mathrm{d}x}$.

c. 将所设通解代入非齐次微分方程 $\frac{\mathrm{d}y}{\mathrm{d}x} + P(x)y = Q(x)$,其中

$$\frac{\mathrm{d}y}{\mathrm{d}x} = C'(x)\mathrm{e}^{-\int P(x)\,\mathrm{d}x} - C(x)P(x)\mathrm{e}^{-\int P(x)\,\mathrm{d}x},$$

解得 $C'(x) = Q(x)\mathrm{e}^{\int P(x)\,\mathrm{d}x}$.

d. 确定变量函数 $C(x)$,得 $C(x) = \int Q(x)\mathrm{e}^{\int P(x)\,\mathrm{d}x}\mathrm{d}x + C$.

e. 将变量函数代入所设通解,得一阶线性非齐次方程的通解为

$$y = \mathrm{e}^{-\int P(x)\,\mathrm{d}x}\left(\int Q(x)\mathrm{e}^{\int P(x)\,\mathrm{d}x}\mathrm{d}x + C\right).$$

(3)二阶微分方程

①可降阶的二阶微分方程.

a. $y''=f(x)$ 型. 该方程的右端是一个仅含自变量 x 的函数式,其解法是逐次积分,每积分一次,方程就降低一阶,最后得通解.

b. $y''=f(x,y')$ 型,该方程中不显含未知函数 y,其解法是变量代换法,令 $y'=p$,则 $y''=p'$,代入原方程得 $p'=f(x,p)$. 求出此一阶微分方程的通解 $p=\varphi(x,C_1)$,即 $y'=\varphi(x,C_1)$,进一步积分得原方程的通解 $y=\int\varphi(x,C_1)\mathrm{d}x+C$.

c. $y''=f(y,y')$ 型. 该方程中不显含自变量 x,其解法是变量代换法,令 $y'=p$,则 $y''=p'=\frac{\mathrm{d}p}{\mathrm{d}x}=\frac{\mathrm{d}p}{\mathrm{d}y}\cdot\frac{\mathrm{d}y}{\mathrm{d}x}=p\frac{\mathrm{d}p}{\mathrm{d}y}$,于是原方程变为一阶微分方程 $p\frac{\mathrm{d}p}{\mathrm{d}y}=f(y,p)$,若求出其通解为 $p=y'=\varphi(y,C_1)$,对比一阶微分方程用分离变量法求得通解为

$$\int\frac{\mathrm{d}y}{\varphi(y,C_1)}=x+C_2.$$

②二阶常系数齐次线性微分方程.

形如

$$y''+py'+qy=0(p,q\text{ 是常数})$$

的微分方程称为二阶常系数齐次线性微分方程. 如果二阶常系数齐次线性微分方程有两个解 y_1,y_2,当$\frac{y_1}{y_2}\neq C$ 时,y_1,y_2 称为该微分方程的两个线性无关解,且 $y=C_1y_1+C_2y_2$ 为该方程的通解.

求二阶常系数齐次线性微分方程 $y''+py'+q=0$ 的通解的步骤为:

a. 写出对应的特征方程 $r^2+pr+q=0$.

b. 求出特征根 r_1,r_2.

c. 根据特征根的特点写出微分方程的通解. 当 $p^2-4q>0$ 时,二阶常系数齐次线性微分方程的通解为 $y=C_1\mathrm{e}^{r_1x}+C_2\mathrm{e}^{r_2x}$;当 $p^2-4q=0$ 时,二阶常系数齐次线性微分方程的通解为 $y=(C_1+C_2x)\mathrm{e}^{r_1x}$;当 $p^2-4q<0$ 时,二阶常系数齐次线性微分方程的通解为 $y=\mathrm{e}^{\alpha x}(C_1\cos\beta x+C_2\sin\beta x)$,其中

$$r_1=\alpha+\beta\mathrm{i},r_2=\alpha-\beta\mathrm{i}.$$

二、重点与难点

(1)定积分的概念、几何意义和性质.

(2)积分上限函数和微积分的基本定理.

(3)不定积分的概念、性质;不定积分的换元积分法和分部积分法.

(4)定积分的换元积分法和分部积分法,利用定积分求面积、体积和弧长,以及定积分在经济分析中的应用.

(5)常微分方程的概念,求解一阶微分方程和二阶微分方程.

典型例题解析

例 1 定积分$\int_a^b f(x)\mathrm{d}x$ 的大小(　　).

A. 与 $f(x)$ 和积分区间有关；与 ξ_i 的取法无关.

B. 与 $f(x)$ 有关，与积分区间以及 ξ_i 的取法无关.

C. 与 $f(x)$，ξ_i 的取法有关，与积分区间无关.

D. 与 $f(x)$，ξ_i 的取法和积分区间都有关.

解　根据定积分的定义，定积分的值与被积函数和积分区间有关，与积分变量的符号无关，与区间的分割方法及 ξ_i 的取法无关. 故选 A.

例 2　设闭区间 $[a,b]$ 上连续函数 $f(x)>0$ 恒成立，则定积分 $\int_a^b f(x)\mathrm{d}x$ 的符号是(　　).

A. 一定是正的　　B. 一定是负的

C. 当 $0<a<b$ 时是正的　　D. 以上都不对

解　根据定积分的定义：$\int_a^b f(x)\mathrm{d}x=\lim\limits_{\lambda\to0}\sum\limits_{i=1}^n f(\xi_i)\Delta x_i$，其中 $\Delta x_i>0$. 且 $[a,b]$ 上 $f(x)>0$，即 $f(\xi_i)>0$，则 $\sum\limits_{i=1}^n f(\xi_i)\Delta x_i>0$，并且 $\lim\limits_{\lambda\to0}\sum\limits_{i=1}^n f(\xi_i)\Delta x_i>0$，所以 $\int_a^b f(x)\mathrm{d}x>0$. 应选 A.

例 3　与定积分 $\int_0^\pi |\cos x|\mathrm{d}x$ 相等的是(　　).

A. $\left|\int_0^\pi \cos x\mathrm{d}x\right|$　　B. $\int_0^\pi \cos x\mathrm{d}x$

C. $\int_0^{\frac{\pi}{2}} \cos x\mathrm{d}x+\int_{\frac{\pi}{2}}^\pi \cos x\mathrm{d}x$　　D. $\int_0^{\frac{\pi}{2}} \cos x\mathrm{d}x-\int_{\frac{\pi}{2}}^\pi \cos x\mathrm{d}x$

解　因为在 $\left[0,\frac{\pi}{2}\right]$ 上 $\cos x\geqslant0$，所以 $|\cos x|=\cos x$；在 $\left[\frac{\pi}{2},\pi\right]$ 上 $\cos x\leqslant0$，则 $|\cos x|=-\cos x$.

根据定积分的性质 $\int_a^b f(x)\mathrm{d}x=\int_a^c f(x)\mathrm{d}x+\int_c^b f(x)\mathrm{d}x$，可得 $\int_0^\pi|\cos x|\mathrm{d}x=\int_0^{\frac{\pi}{2}}|\cos x|\mathrm{d}x+\int_{\frac{\pi}{2}}^\pi|\cos x|\mathrm{d}x=\int_0^{\frac{\pi}{2}}\cos x\mathrm{d}x+\int_{\frac{\pi}{2}}^\pi(-\cos x)\mathrm{d}x=\int_0^{\frac{\pi}{2}}\cos x\mathrm{d}x-\int_{\frac{\pi}{2}}^\pi\cos x\mathrm{d}x$，则应选 D.

例 4　下列不等式中，成立的是(　　).

A. $\int_0^1 x\mathrm{d}x\leqslant\int_0^1 x^2\mathrm{d}x$　　B. $\int_0^1 \mathrm{e}^x\mathrm{d}x\leqslant\int_0^1 \mathrm{e}^{2x}\mathrm{d}x$

C. $\int_0^{\frac{\pi}{2}}\sin x\mathrm{d}x\leqslant\int_0^{\frac{\pi}{2}}\sin^2 x\mathrm{d}x$　　D. $\int_1^{\mathrm{e}}\ln x\mathrm{d}x\leqslant\int_1^{\mathrm{e}}\ln^2 x\mathrm{d}x$

解　如果在 $[a,b]$ 上，$f(x)\geqslant g(x)$，则 $\int_a^b f(x)\mathrm{d}x\geqslant\int_a^b g(x)\mathrm{d}x$.

A. 因为在 $[0,1]$ 上 $x\geqslant x^2$，所以 $\int_0^1 x\mathrm{d}x\geqslant\int_0^1 x^2\mathrm{d}x$；C. 因为在 $\left[0,\frac{\pi}{2}\right]$ 上 $0\leqslant\sin x\leqslant1$，即 $\sin x\geqslant\sin^2 x$，所以 $\int_0^{\frac{\pi}{2}}\sin x\mathrm{d}x\geqslant\int_0^{\frac{\pi}{2}}\sin^2 x\mathrm{d}x$；D. 因为在 $[1,\mathrm{e}]$ 上 $0\leqslant\ln x\leqslant1$，则 $\ln x\geqslant\ln^2 x$，所以 $\int_1^{\mathrm{e}}\ln x\mathrm{d}x\geqslant\int_1^{\mathrm{e}}\ln^2 x\mathrm{d}x$；B. 因为在 $[0,1]$ 上 $x\leqslant 2x$，即 $\mathrm{e}^x\leqslant\mathrm{e}^{2x}$，所以 $\int_0^1\mathrm{e}^x\mathrm{d}x\leqslant\int_0^1\mathrm{e}^{2x}\mathrm{d}x$. 应选 B.

例 5　若 $\int\mathrm{d}f(x)=\int\mathrm{d}g(x)$，下列等式不一定成立的有(　　).

A. $f(x)=g(x)$ B. $f'(x)=g'(x)$

C. $\mathrm{d}f(x)=\mathrm{d}g(x)$ D. $\mathrm{d}\int f'(x)\mathrm{d}x=\mathrm{d}\int g'(x)\mathrm{d}x$

解 由题设得$f(x)+C_1=g(x)+C_2$,即$f(x)=g(x)+C$,其中$C=C_2-C_1$为任意常数. 该题B、C、D都成立,A不成立,应选A.

例6 若$f(x)=\cos x$,则$f(x)$的一个原函数是( ).

A. $1+\sin x$ B. $1-\sin x$ C. $1+\cos x$ D. $1-\cos x$

解 如果$F'(x)=f(x)$,则$F(x)$是$f(x)$的一个原函数. 由$f(x)=\cos x$,得$F(x)=\int f(x)\mathrm{d}x=\int\cos x\mathrm{d}x=\sin x+C$. 应选A.

例7 在下列等式中,正确的是( ).

A. $\int f'(x)\mathrm{d}x=f(x)$ B. $\int \mathrm{d}f(x)=f(x)$

C. $\frac{\mathrm{d}}{\mathrm{d}x}\int f(x)\mathrm{d}x=f(x)$ D. $\mathrm{d}\int f(x)\mathrm{d}x=f(x)$

解 A、B的左侧为不定积分,右侧均应有积分常数C,但它们均没有;D是求微分,所以要加$\mathrm{d}x$. 故选C.

例8 $\int_1^2\ln x\mathrm{d}x$的符号是________.

解 根据定积分的性质:如果在$[a,b]$上$f(x)\geqslant 0$,则$\int_a^b f(x)\mathrm{d}x\geqslant 0$. 由于在$[1,2]$上$\ln x\geqslant 0$,则$\int_1^2\ln x\mathrm{d}x>0$.

例9 设$f(x)$是$[a,b]$上的连续函数,则$\int_a^b f(x)\mathrm{d}x-\int_a^b f(t)\mathrm{d}t$的值为________.

解 因为定积分的值与积分变量所用符号无关,所以$\int_a^b f(x)\mathrm{d}x=\int_a^b f(t)\mathrm{d}t$,则$\int_a^b f(x)\mathrm{d}x-\int_a^b f(t)\mathrm{d}t=0$.

例10 $\frac{\mathrm{d}}{\mathrm{d}x}\int_0^x(t^2+2)\mathrm{d}t=$________;$\frac{\mathrm{d}}{\mathrm{d}x}\int_0^{2x}\ln(t+1)\mathrm{d}t=$________.

解 根据微积分学基本定理,$\left(\int_a^x f(t)\mathrm{d}t\right)'=f(x)$,得

$$\frac{\mathrm{d}}{\mathrm{d}x}\int_0^x(t^2+2)\mathrm{d}t=x^2+2;$$

由$\left(\int_{\psi(x)}^{\varphi(x)}f(t)\mathrm{d}t\right)'=f(\varphi(x))\varphi'(x)-f(\psi(x))\psi'(x)$,可得$\frac{\mathrm{d}}{\mathrm{d}x}\int_0^{2x}\ln(t+1)\mathrm{d}t=\ln(2x+1)(2x)'=2\ln(2x+1)$.

例11 已知$\int_0^1 f(x)\mathrm{d}x=1$,则$\int_0^1[2f(x)-1]\mathrm{d}x=$________.

解 根据定积分的性质,$\int_0^1[2f(x)-1]\mathrm{d}x=\int_0^1 2f(x)\mathrm{d}x-\int_0^1 1\mathrm{d}x=2\int_0^1 f(x)\mathrm{d}x-\int_0^1 1\mathrm{d}x=2\times 1-1=1$.

例 12　计算$\int \frac{\sqrt{1+x^2}}{\sqrt{1-x^4}}dx$.

解　$\int \frac{\sqrt{1+x^2}}{\sqrt{1-x^4}}dx = \int \frac{\sqrt{1+x^2}}{\sqrt{(1-x^2)}\sqrt{(1+x^2)}}dx = \int \frac{1}{\sqrt{1-x^2}}dx = \arcsin x + C$

例 13　计算$\int \frac{1}{\sin^2 x \cos^2 x}dx$.

解　$\int \frac{1}{\sin^2 x \cos^2 x}dx = \int \frac{\sin^2 x + \cos^2 x}{\sin^2 x \cos^2 x}dx = \int \left[\frac{1}{\cos^2 x} + \frac{1}{\sin^2 x}\right]dx$

$$= \int [\sec^2 x + \csc^2 x]dx = \tan x - \cot x + C$$

例 14　计算$\int (3x+2)^{20}dx$

解　$\int (3x+2)^{20}dx = \int (3x+2)^{20} \cdot \frac{1}{3} \cdot 3dx = \frac{1}{3}\int (3x+2)^{20}d(3x+2)$

$$= \frac{1}{3} \cdot \frac{(3x+2)^{21}}{21} + C = \frac{(3x+2)^{21}}{63} + C$$

例 15　计算$\int \frac{\arctan x}{1+x^2}dx$

解　$\int \frac{\arctan x}{1+x^2}dx = \int \arctan x \cdot \frac{1}{1+x^2}dx = \int \arctan x \, d \arctan x = \frac{1}{2}\arctan^2 x + C$

例 16　计算$\int \frac{1}{x\sqrt{x^2-1}}dx$.

分析　被积函数中含有$\sqrt{x^2+a^2}$，$\sqrt{x^2-a^2}$，$\sqrt{a^2-x^2}$的情形，通常分别令$x = a\tan x$，$x = a\sec t$及$x = a\sin t$去掉根式.

解　方法一　令$x = \sec t$，$dx = \sec t\tan tdt$，当$x > 0$时，$t \in \left(0,\frac{\pi}{2}\right)$，$t = \arccos\frac{1}{x}$.

$\int \frac{1}{x\sqrt{x^2-1}}dx = \int \frac{1}{\sec t \cdot \sqrt{\sec^2 t - 1}} \cdot \sec t\tan tdt = \int \frac{1}{\sec t \cdot \tan t} \cdot \sec t\tan tdt =$
$\int dt = t + C = \arccos\frac{1}{x} + C$

方法二(倒代换)　令$x = \frac{1}{t}$，则$dx = -\frac{1}{t^2}dt$

$$\int \frac{1}{x\sqrt{x^2-1}}dx = \int \frac{1}{\frac{1}{t}\sqrt{\frac{1}{t^2}-1}} \cdot \left(-\frac{1}{t^2}dt\right) = -\int \frac{dt}{\sqrt{1-t^2}}$$

$$= -\arcsin t + C = -\arcsin\frac{1}{x} + C = \arccos\frac{1}{x} + C.$$

例 17　计算$\int e^x\cos xdx$.

分析　被积函数为两种不同类型的函数相乘，可使用两次分部积分法. 根据口诀，知$u = e^x$，$v' = \cos x$，$v = \sin x$.

解 $\int e^x \cos x dx = e^x \cdot \sin x - \int e^x \cdot \sin x dx$

$$= e^x \sin x - \left[e^x \cdot (-\cos x) - \int e^x \cdot (-\cos x) dx \right]$$

$$= e^x \sin x + e^x \cos x - \int e^x \cos x dx,$$

等式两边出现所求的$\int e^x \cos x dx$,移项得

$$\int e^x \cos x dx = \frac{e^x}{2}(\sin x + \cos x) + C.$$

例 18 计算$\int x e^{3x} dx$.

分析 被积函数为两种不同类型的函数相乘,可使用分部积分法. 根据口诀,知 $u = x$, $v' = e^{3x}$, $v = \frac{1}{3}e^{3x}$.

解 $\int x e^{3x} dx = x \cdot \frac{1}{3}e^{3x} - \int (x)' \cdot \frac{1}{3}e^{3x} dx = x \cdot \frac{1}{3}e^{3x} - \int \frac{1}{3} e^{3x} dx$

$$= \frac{1}{3}x e^{3x} - \frac{1}{3}\int e^{3x} \cdot \frac{1}{3} \cdot 3dx = \frac{1}{3}x e^{3x} - \frac{1}{9}\int e^{3x} d(3x)$$

$$= \frac{1}{3}x e^{3x} - \frac{1}{9}e^{3x} + C$$

例 19 计算$\int \cos \sqrt{x} dx$.

解 $\int \cos \sqrt{x} dx \xlongequal[x = t^2]{令\sqrt{x} = t} \int \cos t dt^2 = \int \cos t \cdot 2t dt$

$$= 2t \cdot \sin t - \int (2t)' \cdot \sin t dt = 2t \sin t - \int 2\sin t dt$$

$$= 2t \sin t + 2 \cos t + C = 2\sqrt{x}\sin \sqrt{x} + 2 \cos \sqrt{x} + C.$$

例 20 计算$\int_0^{\pi} \sqrt{1 - \sin x} dx$.

分析 因为 $\sin^2 \frac{x}{2} + \cos^2 \frac{x}{2} = 1$, $\sin x = 2 \sin \frac{x}{2} \cos \frac{x}{2}$,因此可以将被开方式化为完全平方式,从而消除根式.

解 $\int_0^{\pi} \sqrt{1 - \sin x} dx = \int_0^{\pi} \sqrt{\left(\sin \frac{x}{2} - \cos \frac{x}{2}\right)^2} dx$

$$= \int_0^{\pi} \left| \sin \frac{x}{2} - \cos \frac{x}{2} \right| dx$$

$$= \int_0^{\frac{\pi}{2}} \left(\cos \frac{x}{2} - \sin \frac{x}{2} \right) dx + \int_{\frac{\pi}{2}}^{\pi} \left(\sin \frac{x}{2} - \cos \frac{x}{2} \right) dx$$

$$= 2\left[\sin \frac{x}{2} + \cos \frac{x}{2} \right]_0^{\frac{\pi}{2}} - 2\left[\sin \frac{x}{2} + \cos \frac{x}{2} \right]_{\frac{\pi}{2}}^{\pi}$$

$$= 2(\sqrt{2} - 1) - 2(1 - \sqrt{2}) = 4(\sqrt{2} - 1)$$

例 21　计算$\int_{-2}^{3}\min\{x,x^2\}\mathrm{d}x$.

分析　由于要在积分区间$[-2,3]$内取x和x^2的最小值,因此,需将积分区间进行划分.

解　$$\int_{-2}^{3}\min\{x,x^2\}\mathrm{d}x=\int_{-2}^{0}x\mathrm{d}x+\int_{0}^{1}x^2\mathrm{d}x+\int_{1}^{3}x\mathrm{d}x$$
$$=\frac{1}{2}x^2\Big|_{-2}^{0}+\frac{1}{3}x^3\Big|_{0}^{1}+\frac{1}{2}x^2\Big|_{1}^{3}=-2+\frac{1}{3}+4=\frac{7}{3}$$

例 22　计算$\int_{-1}^{1}\frac{x}{\sqrt{5-4x}}\mathrm{d}x$.

分析　被积函数中如含有根号,应去掉根号.因此,需要利用换元积分法.

解　令$\sqrt{5-4x}=t$,则$x=\frac{1}{4}(5-t^2)$,$\mathrm{d}x=-\frac{1}{2}t\mathrm{d}t$.当$x=-1$时,$t=3$;当$x=1$时,$t=1$.因此有

$$\int_{-1}^{1}\frac{x}{\sqrt{5-4x}}\mathrm{d}x=\int_{3}^{1}\frac{\frac{1}{4}(5-t^2)}{t}\left(-\frac{t}{2}\right)\mathrm{d}t=\frac{1}{8}\int_{1}^{3}(5-t^2)\mathrm{d}t=\frac{1}{8}\left(5t-\frac{t^3}{3}\right)\Big|_{1}^{3}=\frac{1}{6}$$

例 23　计算$\int_{0}^{\frac{\pi}{2}}x^2\sin x\mathrm{d}x$.

分析　该被积函数由两个不同类型的基本初等函数构成,因此,需用分部积分法.

解　$$\int_{0}^{\frac{\pi}{2}}x^2\sin x\mathrm{d}x=-\int_{0}^{\frac{\pi}{2}}x^2\mathrm{d}\cos x=-x^2\cos x\Big|_{0}^{\frac{\pi}{2}}+2\int_{0}^{\frac{\pi}{2}}x\cos x\mathrm{d}x$$
$$=2\int_{0}^{\frac{\pi}{2}}x\cos x\mathrm{d}x=2\int_{0}^{\frac{\pi}{2}}x\mathrm{d}\sin x$$
$$=2x\sin x\Big|_{0}^{\frac{\pi}{2}}-2\int_{0}^{\frac{\pi}{2}}\sin x\mathrm{d}x$$
$$=\pi+2\cos x\Big|_{0}^{\frac{\pi}{2}}=\pi-2.$$

例 24　求下列函数的导数.

(1)$\int_{0}^{x^2}\mathrm{e}^{-x}\mathrm{d}x$;(2)$\int_{\sin x}^{\cos x}t^2\mathrm{d}t$.

分析　利用积分上限函数的导数公式.

解　(1)$\frac{\mathrm{d}}{\mathrm{d}x}\left(\int_{0}^{x^2}\mathrm{e}^{-x}\mathrm{d}x\right)=\mathrm{e}^{-x^2}\cdot(x^2)'=2x\mathrm{e}^{-x^2}$;

(2)$$\int_{\sin x}^{\cos x}t^2\mathrm{d}t=(\cos x)^2\cdot(\cos x)'-(\sin x)^2\cdot(\sin x)'$$
$$=-\sin x\cdot(\cos x)^2-\cos x\cdot(\sin x)^2$$
$$=-\sin x\cos x(\cos x+\sin x).$$

例 25　求下列极限.

(1)$\lim\limits_{x\to0}\frac{\int_{0}^{x}\arctan t\mathrm{d}t}{x^2}$;(2)$\lim\limits_{x\to0}\frac{\int_{\cos x}^{1}\mathrm{e}^{-t^2}\mathrm{d}t}{x^2}$.

分析　综合利用等价无穷小替换、积分上限函数的导数以及洛必达法则计算.

解　(1)先用洛必达法则计算,再用等价无穷小替换. 由于当 $x\to 0$ 时,$\arctan x \sim x$,故

$$\lim_{x\to 0}\frac{\int_0^x \arctan t\mathrm{d}t}{x^2}=\lim_{x\to 0}\frac{\arctan x}{2x}=\lim_{x\to 0}\frac{x}{2x}=\frac{1}{2};$$

(2)直接用洛必达法则计算,得

$$\lim_{x\to 0}\frac{\int_{\cos x}^1 \mathrm{e}^{-t^2}\mathrm{d}t}{x^2}=\lim_{x\to 0}\frac{\mathrm{e}^{-\cos^2 x}\cdot\sin x}{2x}=\lim_{x\to 0}\frac{\mathrm{e}^{-\cos^2 x}}{2}\cdot\lim_{x\to 0}\frac{\sin x}{x}=\frac{1}{2\mathrm{e}}.$$

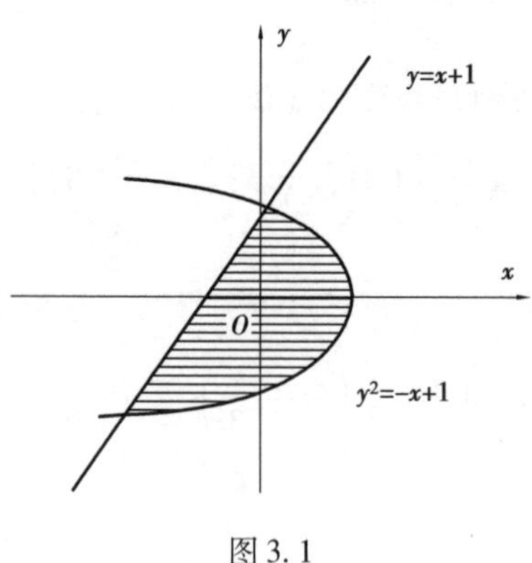

图 3.1

例 26　求由曲线 $y^2=-x+1$ 与直线 $y=x+1$ 所围成的平面图形的面积,如图 3.1 所示.

分析　若将此图形看成几个曲边梯形面积的和与差,则要用多个积分的和与差来表示,计算较复杂. 若用微元法,选 y 作为积分变量,则用一个积分就可以求此面积.

解　由 $\begin{cases}y^2=-x+1\\ y=x+1\end{cases}$,求得两曲线的交点坐标为 $(0,1)$、$(-3,-2)$.

选取 y 为积分变量,其取值范围为 $[-2,1]$,对于任意 $y\in[-2,1]$,在小区间 $[y,y+\mathrm{d}y]$ 上,其面积元素为

$$\mathrm{d}A=[(1-y^2)-(y-1)]\mathrm{d}y=(2-y-y^2)\mathrm{d}y,$$

于是 $A=\int_{-2}^1\mathrm{d}A=\int_{-2}^1(2-y-y^2)\mathrm{d}x=\left(2y-\frac{1}{2}y^2-\frac{1}{3}y^3\right)\Big|_{-2}^1=\frac{9}{2}.$

例 27　求由双曲线 $y=\frac{1}{x}$ 与直线 $x=-3$,$y=x$,x 轴所围成的平面图形的面积,如图 3.2 所示.

分析　此平面图形是由三角形和曲边梯形所组成的,现要求该平面图形的面积,需分别求出三角形和曲边梯形的面积,然后求和.

解　由 $\begin{cases}y=\frac{1}{x}\\ y=x\end{cases}$,求得两曲线在第三象限的交点坐标为 $A(-1,-1)$. 在 $x\in[-1,0]$ 内,所围成的图形是等腰直角三角形 $\triangle OAB$,直角边长为 1,则三角形 $\triangle OAB$ 的面积为 $A_1=\frac{1}{2}\times 1\times 1=\frac{1}{2}.$

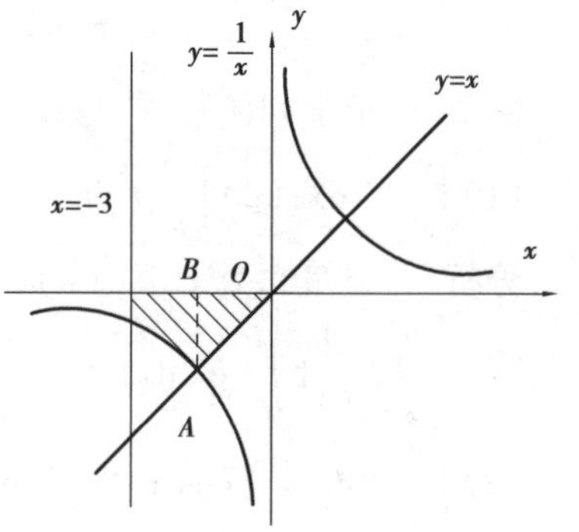

图 3.2

在 $x\in[-3,-1]$ 内,所围成的图形是曲边梯形,此时,选取 x 为积分变量,其取值范围为 $[-3,-1]$,对于任意 $x\in[-3,-1]$,在小区间 $[x,x+\mathrm{d}x]$ 上,其面积元素为 $\mathrm{d}A=\left|\frac{1}{x}\right|\mathrm{d}x$,于是,

$$A_2=\int_{-3}^{-1}\mathrm{d}A=\int_{-3}^{-1}\left|\frac{1}{x}\right|\mathrm{d}x=\int_{-3}^{-1}-\frac{1}{x}\mathrm{d}x=(-\ln|x|)\Big|_{-3}^{-1}=\ln 3,$$

所以由双曲线$y=\frac{1}{x}$与直线$x=-3,y=x,x$轴所围成的平面图形的面积为$A=A_1+A_2=\frac{1}{2}+\ln 3$.

例28　求由曲线$y=\ln x$,直线$y=1,y=2$所围成的平面图形绕y轴旋转一周所形成的旋转体的体积,如图3.3所示.

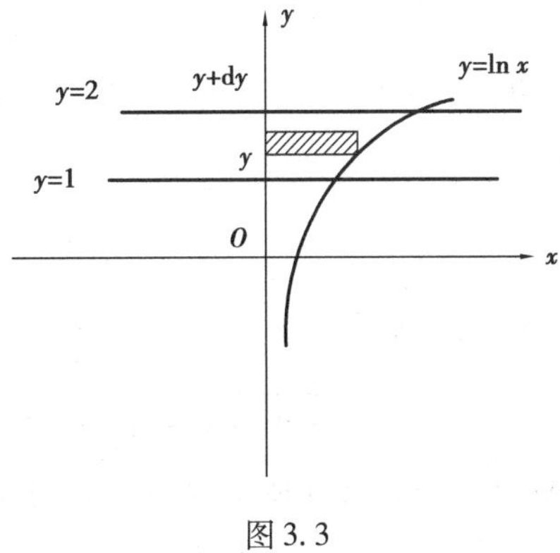

图3.3

分析　求平面图形绕y轴旋转一周所形成的旋转体的体积,应选择y为积分变量. 由$y=\ln x$,得$x=e^y$.

解　以y为积分变量,其取值范围为$[1,2]$,对于任意$y\in[1,2]$,在小区间$[y,y+dy]$上,其体积元素为$dV=\pi(e^y)^2dy=\pi e^{2y}dy$,

于是$V=\int_1^2 dV=\int_1^2\pi e^{2y}dy=\pi\frac{e^{2y}}{2}\Big|_1^2=\frac{\pi}{2}(e^4-e^2)$.

例29　求由抛物线$y=\frac{1}{2}x^2$,直线$y=0,x=2$所围成的平面图形分别绕x轴和y轴旋转一周所形成的旋转体的体积,如图3.4所示.

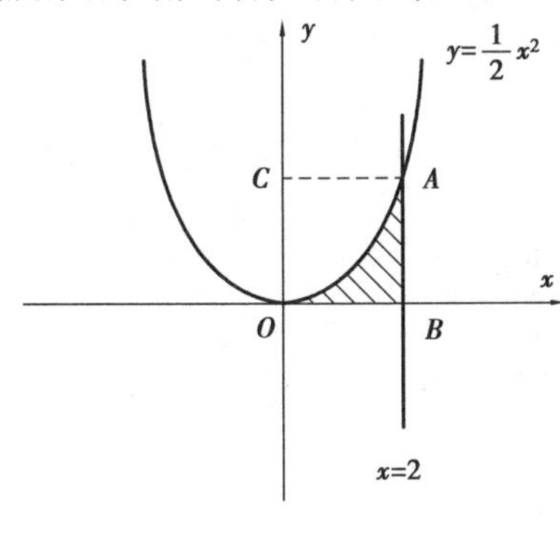

图3.4

分析　该平面图形绕x轴旋转一周所形成的旋转体的体积,可以利用公式$V=\pi\int_a^b[f(x)]^2dx$计算,但该平面图形绕y轴旋转一周所形成的旋转体的体积需看成$OBAC$和OAC分别绕y轴旋转一周形成的旋转体的体积之差.

解　(1)该平面图形绕x轴旋转一周所形成的旋转体的体积.

选取x为积分变量,其取值范围为$[0,2]$,对于任意$x\in[0,2]$,在小区间$[x,x+dx]$上,其体积元素为$dV=\pi\left(\frac{1}{2}x^2\right)^2dx=\frac{\pi}{4}x^4dx$,

于是$V=\int_0^2 dV=\int_1^2\frac{\pi}{4}x^4\,dx=\frac{\pi}{20}x^5\Big|_1^2=\frac{8}{5}\pi$.

(2)该平面图形绕y轴旋转一周所形成的旋转体的体积.

由$\begin{cases}y=\frac{1}{2}x^2\\x=2\end{cases}$,得$A$点坐标为$(2,2)$,$B$点坐标为$(2,0)$,$C$点坐标为$(0,2)$.

$OBAC$绕y轴旋转一周形成的旋转体为圆柱体,其体积为$V_1=\pi\times(2)^2\times2=8\pi$.

OAC绕y轴旋转一周形成的旋转体的体积,需利用微元法. 选取y为积分变量,其取值范围为$[0,2]$,对于任意$y\in[0,2]$,在小区间$[y,y+dy]$上,其体积元素为$dV=\pi(\sqrt{2y})^2dy=2\pi ydy$,于是,$V_2=\int_0^2dV=\int_0^2 2\pi ydy=\pi y^2\Big|_0^2=4\pi$.

所以由 OAB 绕 y 轴旋转一周而成的旋转体的体积为

$$V = V_1 - V_2 = 8\pi - 4\pi = 4\pi.$$

例 30 求曲线 $y = \ln\cos x\left(0 \leqslant x \leqslant \frac{\pi}{3}\right)$ 的弧长.

分析 确定弧长微元的表达式,继而利用弧长计算公式计算结果.

解 曲线的导数为 $y' = -\frac{\sin x}{\cos x} = -\tan x$. 弧长微元为

$$\mathrm{d}s = \sqrt{1 + y'^2}\,\mathrm{d}x = \sqrt{1 + (-\tan x)^2}\,\mathrm{d}x = \sqrt{\sec^2 x}\,\mathrm{d}x,$$

则所求曲线的弧长为

$$s = \int_0^{\frac{\pi}{3}} \sqrt{\sec^2 x}\,\mathrm{d}x = \int_0^{\frac{\pi}{3}} \sec x\,\mathrm{d}x = \ln|\sec x + \tan x|\Big|_0^{\frac{\pi}{3}} = \ln(2 + \sqrt{3}).$$

例 31 如图 3.5 所示,设半径为 R 的半球形水池充满着水,将水从池中抽出,当抽出的水所做的功为将水全部抽完所做的功的一半时,问水面下降的高度 h 为多少?

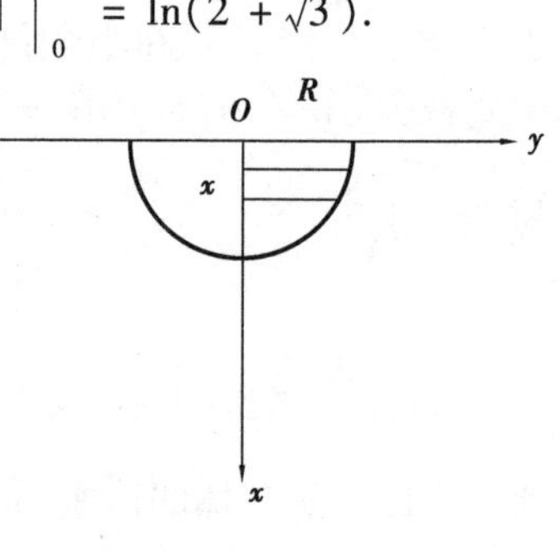

图 3.5

分析 运用微元法.

解 半球截面方程为 $y = \pm\sqrt{R^2 - x^2}$,功元素为

$$\mathrm{d}W = (\pi y^2 \mathrm{d}x)x = \pi x(R^2 - x^2)\mathrm{d}x = \pi(R^2 x - x^3)\mathrm{d}x,$$

将水全部抽完所做的功

$$W = \int_0^R \pi(R^2 x - x^3)\mathrm{d}x = \pi\left[\frac{R^2}{2}x^2 - \frac{1}{4}x^4\right]\Big|_0^R = \frac{\pi}{4}R^4,$$

根据题意有

$$\int_0^h \pi(R^2 x - x^3)\mathrm{d}x = \frac{1}{2} \cdot \frac{\pi}{4}R^4$$

故

$$\pi\left[\frac{R^2}{2}x^2 - \frac{1}{4}x^4\right]\Big|_0^h = \frac{\pi}{4}(2R^2h^2 - h^4) = \frac{\pi}{8}R^4$$

$$2h^4 - 4h^2R^4 + R^4 = 0,$$

解得 $h^2 = \frac{2 - \sqrt{2}}{2}R^2$ 或 $h^2 = \frac{2 + \sqrt{2}}{2}R^2$(舍去),所以 $h = \sqrt{\frac{2 - \sqrt{2}}{2}}R$.

例 32 设某种商品每天生产 x 百台时固定成本为 2 万元,边际成本函数为 $C'(x) = 1$,边际收益函数为 $R'(x) = 5 - x$.

(1) 求产量等于多少时,利润最大?

(2) 在利润最大产量的基础上,再生产 1 百台时,利润将减少多少?

解 (1) 总成本函数为

$$C(x) = C_0 + \int_0^x C'(x)\mathrm{d}x = 5 + \int_0^x 1\mathrm{d}x = 5 + x.$$

收益函数为

$$R(x) = \int_0^x R'(x)\mathrm{d}x = \int_0^x (5 - x)\mathrm{d}x = 5x - \frac{1}{2}x^2.$$

利润函数为

$$L(x)=R(x)-C(x)=5x-\frac{1}{2}x^2-(x+5)$$
$$=-\frac{1}{2}x^2+4x-5.$$

令 $L'(x)=4-x=0$，得 $x=4$ 百台；又因为 $L''(x)=-1<0, L''(4)<0$，所以生产4百台时利润最大，其最大值为

$$L(4)=-\frac{1}{2}\times 4^2+4\times 4-5=3(\text{万元}).$$

(2) $L(5)-L(4)=-\frac{1}{2}\times 5^2+4\times 5-5-3=-0.5$（万元），即在利润最大产量（4百台）的基础上，再生产1百台后，利润减少0.5万元.

例33　某产品生产了 x 个单位时边际收益为

$$R'(x)=200-\frac{x}{100}, x\geqslant 0.$$

(1) 求生产了50个单位时的收益以及平均单位收益；

(2) 如果已经生产了100个单位，求再生产100个单位时的收益和产量从100个单位到200个单位的平均收益.

解　(1) 生产50个单位时的收益为

$$R(50)=\int_0^{50}\left(200-\frac{x}{100}\right)\mathrm{d}x=\left[200x-\frac{x^2}{200}\right]_0^{50}=9\ 987.5.$$

平均单位收益为

$$\overline{R}(50)=\frac{R(50)}{50}=\frac{9\ 987.5}{50}=199.75.$$

(2) 在100个单位基础上再生产100个单位的收益为

$$R(200)-R(100)=\int_{100}^{200}\left(200-\frac{x}{100}\right)\mathrm{d}x=\left[200x-\frac{x^2}{200}\right]_{100}^{200}=19\ 850,$$

产量从100个单位到200个单位的平均收益为

$$\overline{R}=\frac{R(200)-R(100)}{200-100}=\frac{19\ 850}{100}=198.5.$$

例34　设某种商品的需求量 Q 为价格 P 的函数，该商品的最大需求量为1 000，已知需求量的变化率（边际需求）为 $Q'(p)=1\ 500-45p^2-\dfrac{124}{1+p}$，求需求量 Q 与价格 P 的函数关系.

解　$Q(p)=\int Q'(p)\mathrm{d}p=\int\left(1\ 500-45p^2-\dfrac{124}{1+p}\right)\mathrm{d}p$

$$=1\ 500p-15p^3-124\ln(1+p)+C$$

由题设知，最大的需求量为1 000，其含义是当 $p=0$ 时，$Q=1\ 000$. 代入上式得 $C=1\ 000$. 故需求量 Q 与价格 P 的函数关系为

$$Q(p)=1\ 500p-15p^3-124\ln(1+p)+1\ 000.$$

例35　质量为 m 的物体在重力的作用下，沿铅直线下落，物体下落距离（向下为正）随时间而改变. 在不考虑空气阻力的情况下，试求出距离的表达式.

解 设在时刻 t,物体下落的距离是 $s(t)$,根据牛顿第二定律得

$$m\frac{d^2s}{dt^2}=mg(g\text{ 为重力加速度})$$

$$\text{即}\frac{d^2s}{dt^2}=g,$$

方程两边积分得$\frac{ds}{dt}=gt+C_1$,再一次积分得通解

$$S(t)=\int(gt+C_1)dt=\frac{1}{2}gt^2+C_1t+C_2.$$

例 36 物体在空气中的冷却速度与物体和空气的温差成正比,如果物体在 20 min 内由 100 ℃ 冷却到 60 ℃,那么,在多长时间内,这个物体会由 100 ℃ 冷却至 30 ℃?假设空气的温度为 20 ℃.

解 设在时刻 t 物体在空气中的温度为 $T=T(t)$,则根据牛顿冷却定理得

$$\frac{dT}{dt}=-k(T-20),$$

其中,k 是比例常数.

分离变量得$\frac{dT}{T-20}=-kdt$,两边积分有$\int\frac{dT}{T-20}=\int -kdt$,得

$$\ln(T-20)=-kt+\ln C,\text{即 }T=20+Ce^{-kt}.$$

由于从初始条件 $T(0)=100$,得 $C=80$,所以 $T=20+80e^{-kt}$.

将 $t=20,T=60$ 代入上式后得 $k=\frac{\ln 2}{20}$,即

$$T=20+80e^{-\frac{\ln 2}{20}t}=20+80\times\left(\frac{1}{2}\right)^{\frac{t}{20}}.$$

故当 $T=30$ 时,有 $30=20+80\times\left(\frac{1}{2}\right)^{\frac{t}{20}}$,从中解出 $t=60$ min,因此,在 1 小时内,可使物体由 100 ℃ 冷却至 30 ℃.

例 37 解微分方程 $y'=y^2\cos x$,并求满足初始条件 $y\big|_{x=0}=1$ 的特解.

解 因 $y'=\frac{dy}{dx}$,则$\frac{dy}{dx}=y^2\cos x$,分离变量得

$$\frac{dy}{y^2}=\cos xdx,$$

两边积分 $\int\frac{dy}{y^2}=\int\cos xdx$,得 $-\frac{1}{y}=\sin x+C$.

因而,通解为

$$y=-\frac{1}{\sin x+C}(C\text{ 为任意常数}),$$

将 $y\big|_{x=0}=1$ 代入通解中,$1=-\frac{1}{\sin 0+C}$,解得 $C=-1$,方程满足初始条件 $y\big|_{z=0}=1$ 的特解为:$y=-\frac{1}{\sin x-1}$.

例 38　解微分方程 $e^x dy = e^{2y} dx$.

解　分离变量得 $e^{-2y} dy = e^{-x} dx$,两边积分得$\int e^{-2y} dy = \int e^{-x} dx$, $-\frac{1}{2}e^{-2y} = -e^{-x} + C_1$.

从而方程的通解为 $2e^{-x} - e^{-2y} = C$,其中,$C = 2C_1$.

例 39　求解微分方程 $y\left(\frac{dy}{dx}\right)^2 + (x - y)\frac{dy}{dx} - x = 0$.

解　对方程左边因式分解得

$$\left(\frac{dy}{dx} - 1\right)\left(y\frac{dy}{dx} + x\right) = 0$$

即

$$\frac{dy}{dx} = 1 \text{ 或 } y\frac{dy}{dx} + x = 0.$$

由$\frac{dy}{dx} = 1$,得 $y = x + C_1$(C_1 为常数).

由 $y\frac{dy}{dx} + x = 0$,分离变量得 $y dy = -x dx$,两边积分得 $y^2 = -x^2 + C_2$,即 $x^2 + y^2 = C_2$(C_2 为常数).

原方程的解为 $y = x + C_1$ 或 $x^2 + y^2 = C_2$,其中,C_1,C_2 为任意常数.

例 40　求微分方程 $y' + \frac{1}{x}y = \frac{\sin x}{x}$ 的通解.

解　对应的齐次方程 $y' + \frac{1}{x}y = 0$ 的通解为

$$y = Ce^{-\int \frac{1}{x}dx} = \frac{C}{x}.$$

设所求非齐次方程的通解为 $y = \frac{C(x)}{x}$,则

$$y' = \frac{C'(x)x - C(x)}{x^2} = \frac{C'(x)}{x} - \frac{C(x)}{x^2}.$$

将 $y' = \frac{C'(x)}{x} - \frac{C(x)}{x^2}$,$y = \frac{C(x)}{x}$ 代入原方程得 $C'(x) = \sin x$,即 $C(x) = -\cos x + C$.

所以,原方程的通解为 $y = \frac{-\cos x + C}{x}$.

例 41　求微分方程 $y'' = x \ln x$ 的通解.

解　方程两边积分得

$$y' = \int x \ln x dx = \int \left(\frac{x^2}{2}\right)' \ln x dx = \frac{x^2}{2}\ln x - \int \frac{x^2}{2}(\ln x)' dx$$

$$= \frac{x^2}{2}\ln x - \int \frac{x^2}{2} \cdot \frac{1}{x} dx = \frac{x^2}{2}\ln x - \int \frac{x}{2} dx = \frac{x^2}{2}\ln x - \frac{x^2}{4} + C_1.$$

再一次积分得通解为

$$y=\int\left(\frac{x^2}{2}\ln x-\frac{x^2}{4}+C_1\right)\mathrm{d}x=\int\frac{x^2}{2}\ln x\mathrm{d}x-\int\frac{x^2}{4}\mathrm{d}x+\int C_1\mathrm{d}x$$

$$=\int\left(\frac{x^3}{6}\right)'\ln x\mathrm{d}x-\int\frac{x^2}{4}\mathrm{d}x+\int C_1\mathrm{d}x=\frac{x^3}{6}\ln x-\int\frac{x^3}{6}(\ln x)'\mathrm{d}x-\int\frac{x^2}{4}\mathrm{d}x+\int C_1\mathrm{d}x$$

$$=\frac{x^3}{6}\ln x-\frac{x^3}{18}-\frac{x^3}{12}+C_1x+C_2=\frac{x^3}{6}\ln x-\frac{5x^3}{36}+C_1x+C_2.$$

例 42 求微分方程 $y''=\frac{1}{x}y'+xe^x$ 的通解.

解 令 $y'=p(x)$，则 $y''=p'(x)$，将其代入所求微分方程，得

$$p'=\frac{1}{x}p+xe^x,$$

对应的齐次方程 $p'=\frac{1}{x}p$ 的通解为 $p=Cx$.

设所求非齐次方程的通解为 $p=C(x)x$，则 $p'=C'(x)x+C(x)$.

将 $p'=C'(x)x+C(x)$，$p=C(x)x$，代入原方程 $p'=\frac{1}{x}p+xe^x$，得 $C'(x)=e^x$，积分得 $C(x)=\int e^x\mathrm{d}x=e^x+C_1$，则 $p=xe^x+C_1x$.

即 $y'=xe^x+C_1x$，方程两边积分得

$$y=\int(xe^x+C_1x)\mathrm{d}x=\int xe^x\mathrm{d}x+\int C_1x\mathrm{d}x$$

$$=xe^x-e^x+\frac{C_1}{2}x^2+C_2.$$

例 43 求解微分方程 $yy''+y'-(y')^2=0$ 的通解.

解 设 $y'=p$，则 $y''=p\frac{\mathrm{d}p}{\mathrm{d}y}$，代入方程得 $yp\frac{\mathrm{d}p}{\mathrm{d}y}+p-p^2=0$，即 $y\frac{\mathrm{d}p}{\mathrm{d}y}=p-1$.

当 $y\neq0$，$p=1$ 时，$y'=1$，则 $y=x+C$.

当 $y\neq0$，$p\neq1$ 时，分离变量得 $\frac{\mathrm{d}p}{p-1}=\frac{\mathrm{d}y}{y}$，方程两边积分得

$$\ln(p-1)=\ln y+\ln C_1,$$

即 $p=C_1y+1$，则 $\frac{\mathrm{d}y}{\mathrm{d}x}=C_1y+1=C_1\left(y+\frac{1}{C_1}\right)$.

分离变量得 $\frac{\mathrm{d}y}{y+\frac{1}{C_1}}=C_1\mathrm{d}x$，方边两边积分得 $\int\frac{\mathrm{d}y}{y+\frac{1}{C_1}}=\int C_1\mathrm{d}x$，得到通解为 $y=C_2e^{C_1x}-\frac{1}{C_1}$.

例 44 求微分方程 $y''-5y'+6y=0$ 的通解.

解 特征方程为 $r^2-5r+6=0$.

特征根为 $r_1=3$，$r_2=2$.

微分方程 $y''-5y'+6y=0$ 的通解为 $y=C_1e^{2x}+C_2e^{3x}$.

例 45 求微分方程 $y''+y'+y=0$ 的通解.

解 特征方程为 $r^2+r+1=0$.

特征根为 $r_1=-\frac{1}{2}+\frac{\sqrt{3}}{2}\mathrm{i}, r_2=-\frac{1}{2}-\frac{\sqrt{3}}{2}\mathrm{i}$.

微分方程 $y''+y'+y=0$ 的通解为

$$y=\mathrm{e}^{-\frac{x}{2}}\left(C_1\cos\frac{\sqrt{3}}{2}x+C_2\sin\frac{\sqrt{3}}{2}x\right).$$

例 46　设有过点(1,2)的曲线,其上任一点的切线斜率为$\frac{x}{y}$,试求该曲线方程.

解　设所求曲线方程为 $y=y(x)$,则它满足微分方程

$$\frac{\mathrm{d}y}{\mathrm{d}x}=\frac{x}{y},$$

分离变量得 $y\mathrm{d}y=x\mathrm{d}x$,两边积分得$\int y\mathrm{d}y=\int x\mathrm{d}x$,即$\frac{1}{2}y^2=\frac{1}{2}x^2+C$.

因曲线过点(1,2),则$\frac{1}{2}\cdot 2^2=\frac{1}{2}\cdot 1^2+C, C=\frac{3}{2}$.

则曲线方程为 $y^2-x^2=3$.

本章测试题及解答

本章测试题

1. 选择题

(1) 若一个函数有原函数,则原函数有(　　).

A. 一个　　B. 两个　　C. 无穷多个　　D. 以上答案都不对

(2) 设$f(x)$的一个原函数是 $\ln x$,则$f'(x)=$(　　).

A. $\frac{1}{x}$　　B. $-\frac{1}{x^2}$　　C. $x\ln x$　　D. 以上答案都不对

(3) 若 $G(x)$ 和 $F(x)$ 都是$f(x)$的原函数,则(　　).

A. $F(x)+G(x)=C$　　B. $F(x)-G(x)=C$

C. $F(x)-G(x)=0$　　D. 以上答案都不对

(4) 函数$f(x)$的不定积分是$f(x)$的(　　).

A. 导数　　B. 微分　　C. 某个原函数　　D. 全体原函数

(5) 下列等式中,正确的是(　　).

A. $\frac{\mathrm{d}}{\mathrm{d}x}\int f(x)\mathrm{d}x=f(x)$　　B. $\int f'(x)\mathrm{d}x=f(x)$

C. $\int \mathrm{d}f(x)=f(x)$　　D. $\mathrm{d}\int f(x)\mathrm{d}x=f(x)$

(6) $\int_{\frac{1}{\mathrm{e}}}^{0}\ln x\mathrm{d}x$ 与$\int_{1}^{\mathrm{e}}\ln x\mathrm{d}x$ 的符号分别为(　　).

A. +, +　　B. +, −　　C. −, +　　D. −, −

(7) 设$f(x)$在$[a,b]$上连续,则定积分$\int_a^b f(x)\,\mathrm{d}x$的值(　　).

A. 与$[a,b]$有关　　B. 与$[a,b]$无关

C. 与积分变量用何字母表示有关　　D. 与被积函数$f(x)$无关

(8) 设$\int f(x)\,\mathrm{d}x = x\ln x + C$,则$f(x) = $(　　).

A. $\sec x + x\sec x\tan x$　　B. $x\mathrm{e}^x + \mathrm{e}^x$

C. $\ln x - 1$　　D. $\ln x + 1$

(9) 下列微分方程是线性的是(　　).

A. $\frac{\mathrm{d}y}{\mathrm{d}x} = \frac{y}{x}$　　B. $y'^2 + 6y' = 1$

C. $y' = y^2 + \sin x$　　D. $y' + y = y^2\sin x$

(10) 下列方程为常微分方程的是(　　).

A. $\frac{\partial u}{\partial t} = \frac{\partial^2 u}{\partial x^2} + \frac{\partial^2 u}{\partial y^2}$　　B. $y = 3x^2 + C$

C. $t^2\mathrm{d}t + x\mathrm{d}x = \sin t$　　D. $x^2 + 2x - 5 = 0$

2. 填空题

(1) $\int_{-\pi}^{\pi} x^2\sin x\,\mathrm{d}x = $____________.

(2) 过原点且在点$p(x,y)$处的切线斜率等于2^x的曲线方程为____________.

(3) $\sin 2x$的原函数是____________.

(4) $\left(\int_0^x f(t)\,\mathrm{d}t\right)' = $____________.

(5) 齐次线性方程$\frac{\mathrm{d}^2x}{\mathrm{d}t^2} - t = 0$的通解为____________.

3. 计算题

(1) $\int \frac{1}{x\ln x}\mathrm{d}x$;　　(2) $\int x\ln x\,\mathrm{d}x$;　　(3) $\int \sin\sqrt{x}\,\mathrm{d}x$;

(4) $\int_{\frac{1}{2}}^{\mathrm{e}} |\ln x|\,\mathrm{d}x$;　　(5) $\int_1^{\mathrm{e}} \frac{\mathrm{d}x}{x\sqrt{1+\ln x}}$;　　(6) $\lim\limits_{x\to 0}\frac{\int_0^{x^2}\cos x\,\mathrm{d}x}{x^2}$;

(7) 解微分方程$y' = \frac{\cos x}{1+\mathrm{e}^y}$,其中$y\left(\frac{\pi}{2}\right) = 3$;

(8) 求微分方程$\frac{\mathrm{d}y}{\mathrm{d}x} - 2xy = x$的通解;

(9) 求微分方程$y'' = x\mathrm{e}^x$的通解;

(10) 求微分方程$2xy'y'' = 1 + (y')^2$的通解;

(11) 求解微分方程$\frac{\mathrm{d}^2y}{\mathrm{d}x^2} + \frac{1}{1-y}\left(\frac{\mathrm{d}y}{\mathrm{d}x}\right)^2 = 0$的通解;

(12) 求微分方程$y'' - 3y' - 10y = 0$的通解.

4. 应用题

(1) 求由曲线 $y = x^2$ 与 $y = 2 - x^2$ 所围成的平面图形的面积.

(2) 求由曲线 $y = 2^x$,直线 $x = 1$,$x = 2$ 所围成的平面图形绕 x 轴旋转一周所形成的旋转体的体积.

(3) 求曲线 $y = \frac{e^x + e^{-x}}{2}(0 \leqslant x \leqslant 1)$ 的弧长.

(4) 设一质点位于坐标原点,以速度 $t\sin t^2$ 做直线运动,求此质点的位移函数 $s(t)$ 及该质点从时刻 $t_1 = \sqrt{\frac{\pi}{2}}$ 到 $t_2 = \sqrt{\pi}$ 内质点所经过的位移 s_0.

(5) 某商品的边际成本 $C'(x) = 2 - x$,且固定成本为 10,边际收益 $R'(x) = 20 - 4x$,求:① 总成本函数;② 收益函数;③ 产量为多少时,利润最大?

本章测试题解答

1. 选择题

(1)C　(2)B　(3)B　(4)D　(5)A

(6)A　(7)A　(8)D　(9)A　(10)C

2. 填空题

(1) 因被积函数 $x^2\sin x$ 为奇函数,积分区间 $[-\pi,\pi]$ 关于原点对称,则 $\int_{-\pi}^{\pi} x^2\sin x\mathrm{d}x = 0$.

(2) 设曲线方程为 $y = f(x)$,因曲线在点 $p(x,y)$ 处的切线斜率等于 2^x,即 $f'(x) = 2^x$,则 $f(x) = \int 2^x\mathrm{d}x = \frac{2^x}{\ln 2} + C$. 又因曲线过原点,所以有

$$f(0) = \frac{2^0}{\ln 2} + C = 0,\text{则 } C = -\frac{1}{\ln 2},\text{则曲线方程为 } f(x) = \frac{2^x}{\ln 2} - \frac{1}{\ln 2}.$$

(3) $\int \sin 2x\mathrm{d}x = \frac{1}{2}\int \sin 2x\,\mathrm{d}\,2x = -\frac{1}{2}\cos 2x + C$,则 $\sin 2x$ 的原函数是 $-\frac{1}{2}\cos 2x + C$.

(4) 利用积分上限函数求导公式,$\left(\int_0^x f(t)\mathrm{d}t\right)' = f(x)$.

(5) 由 $\frac{\mathrm{d}^2x}{\mathrm{d}t^2} - t = 0$,得 $\frac{\mathrm{d}^2x}{\mathrm{d}t^2} = t$,$\frac{\mathrm{d}x}{\mathrm{d}t} = \frac{1}{2}t^2 + C_1$,$x = \frac{1}{6}t^3 + C_1t + C_2$,其通解为 $x = \frac{1}{6}t^3 + C_1t + C_2$.

3. 计算题

(1) $\int \frac{1}{x\ln x}\mathrm{d}x = \int \frac{1}{\ln x}\mathrm{d}\ln x = \ln|\ln x| + C$.

(2) $\int x\ln x\mathrm{d}x = \int \ln x\mathrm{d}\left(\frac{1}{2}x^2\right) = \frac{1}{2}x^2\ln x - \int \frac{1}{2}x^2 \cdot (\ln x)'\mathrm{d}x$

$$= \frac{1}{2}x^2\ln x - \int \frac{1}{2}x\mathrm{d}x = \frac{1}{2}x^2\ln x - \frac{1}{4}x^2 + C.$$

(3) $\int \sin\sqrt{x}\mathrm{d}x \xlongequal[x = t^2]{\sqrt{x} = t} \int \sin t\mathrm{d}t^2 = \int 2t\sin t\mathrm{d}t$

$$= -\int 2t\mathrm{d}\cos t = -2t\cos t + \int 2\cos t\mathrm{d}t$$

$$= -2t\cos t + 2\sin t + C = 2(\sin\sqrt{x} - \sqrt{x}\cos\sqrt{x}) + C.$$

(4) $\int_{\frac{1}{2}}^{e} |\ln x|\mathrm{d}x = \int_{\frac{1}{2}}^{1} |\ln x|\mathrm{d}x + \int_{1}^{e} |\ln x|\mathrm{d}x$

$$= \int_{\frac{1}{2}}^{1} -\ln x\mathrm{d}x + \int_{1}^{e} \ln x\mathrm{d}x$$

$$= -\ln x\cdot x\Big|_{\frac{1}{2}}^{1} + \int_{\frac{1}{2}}^{1} 1\mathrm{d}x + \ln x\cdot x\Big|_{1}^{e} - \int_{1}^{e} 1\mathrm{d}x$$

$$= -\frac{\ln 2}{2} + x\Big|_{\frac{1}{2}}^{1} + e - x\Big|_{1}^{e}$$

$$= \frac{3-\ln 2}{2}.$$

(5) $\int_{1}^{e} \frac{\mathrm{d}x}{x\sqrt{1+\ln x}} = \int_{1}^{e} \frac{1}{\sqrt{1+\ln x}}\mathrm{d}(1+\ln x) = 2\sqrt{1+\ln x}\Big|_{1}^{e} = 2\sqrt{2} - 2.$

(6) $\lim\limits_{x\to 0} \frac{\int_{0}^{x^2} \cos x\mathrm{d}x}{x^2} = \lim\limits_{x\to 0} \frac{\cos x^2\cdot(x^2)'}{2x} = \lim\limits_{x\to 0} \frac{\cos x^2\cdot 2x}{2x} = 1.$

(7) 分离变量得 $(1+e^y)\mathrm{d}y = \cos x\mathrm{d}x$.

两边积分得其通解为 $y + e^y = \sin x + C$,其中 C 为任意常数.

代入初值条件 $y\left(\frac{\pi}{2}\right) = 3$,得 $3 + e^3 = \sin\frac{\pi}{2} + C$,从而 $C = 2 + e^3$,

故方程的特解为 $y + e^y = \sin x + e^3 + 2$.

(8) 对应的齐次方程 $\frac{\mathrm{d}y}{\mathrm{d}x} - 2xy = 0$ 的通解为

$$y = Ce^{-\int -2x\mathrm{d}x} = Ce^{\int 2x\mathrm{d}x} = Ce^{x^2}.$$

设所求非齐次方程的通解为 $y = C(x)e^{x^2}$,则

$$y' = C'(x)e^{x^2} + C(x)e^{x^2}\cdot 2x.$$

将 $y' = C'(x)e^{x^2} + C(x)e^{x^2}\cdot 2x$,$y = C(x)e^{x^2}$ 代入原方程得 $C'(x) = xe^{-x^2}$,积分得 $C(x) = -\frac{1}{2}e^{-x^2} + C$.

所以原方程的通解为 $y = \left(-\frac{1}{2}e^{-x^2} + C\right)e^{x^2} = -\frac{1}{2} + Ce^{x^2}$.

(9) 方程两边积分得

$$y' = \int xe^x\mathrm{d}x = \int x(e^x)'\mathrm{d}x = xe^x - \int e^x\mathrm{d}x = xe^x - e^x + C_1,$$

再一次积分得通解为

$$y = \int(xe^x - e^x + C_1)\mathrm{d}x = \int xe^x\mathrm{d}x - \int e^x\mathrm{d}x + \int C_1\mathrm{d}x = xe^x - 2e^x + C_1x + C_2.$$

(10) 令 $y' = p(x)$,则 $y'' = p'(x)$,将其代入所求微分方程得

$$2xpp' = 1 + p^2.$$

分离变量得
$$\frac{2p\mathrm{d}p}{1+p^2} = \frac{\mathrm{d}x}{x},$$

两边积分得

$$\ln(1+p^2)=\ln x+\ln C_1,$$

$$1+p^2=C_1x,$$

即 $p=\pm\sqrt{C_1x-1}$，也即 $y'=\pm\sqrt{C_1x-1}=\pm(C_1x-1)^{\frac{1}{2}}$.

方程两边积分得

$$y=\int\pm(C_1x-1)^{\frac{1}{2}}\mathrm{d}x=\pm\int(C_1x-1)^{\frac{1}{2}}\mathrm{d}x=\pm\frac{2}{3C_1}(C_1x-1)^{\frac{3}{2}}+C_2$$

(11) 设 $\frac{\mathrm{d}y}{\mathrm{d}x}=p$，则 $y''=p\frac{\mathrm{d}p}{\mathrm{d}y}$，代入方程得 $p\frac{\mathrm{d}p}{\mathrm{d}y}+\frac{1}{1-y}p^2=0$，即 $\frac{\mathrm{d}p}{\mathrm{d}y}=\frac{1}{y-1}p$.

当 $y\neq1,p\neq0$ 时，分离变量得 $\frac{\mathrm{d}p}{p}=\frac{\mathrm{d}y}{y-1}$，两边积分得

$$\ln p=\ln(y-1)+\ln C_1,$$

即 $p=C_1(y-1)$，则 $\frac{\mathrm{d}y}{\mathrm{d}x}=C_1(y-1)$.

分离变量得 $\frac{\mathrm{d}y}{y-1}=C_1\mathrm{d}x$，两边积分得 $\int\frac{\mathrm{d}y}{y-1}=\int C_1\mathrm{d}x$，得到通解为 $y=C_2\mathrm{e}^{C_1x}+1$.

(12) 特征方程为 $r^2-3r-10=0$.

特征根为 $r_1=5,r_2=-2$.

微分方程 $y''-5y'+6y=0$ 的通解为 $y=C_1\mathrm{e}^{-2x}+C_2\mathrm{e}^{5x}$.

4. 应用题

(1) 由 $\begin{cases}y=x^2\\y=2-x^2\end{cases}$，求得两曲线的交点坐标为 $(1,1),(-1,1)$.

如图3.6所示，选取 x 为积分变量，其取值范围为 $[-1,1]$，对于任意 $x\in[-1,1]$，在小区间 $[x,x+\mathrm{d}x]$ 上，其面积元素为 $\mathrm{d}A=(2-x^2-x^2)\mathrm{d}x$，于是，

$$A=\int_{-1}^{1}\mathrm{d}A=\int_{-1}^{1}(2-x^2-x^2)\mathrm{d}x=\left(2x-\frac{2}{3}x^3\right)\Big|_{-1}^{1}=\frac{8}{3}$$

(2) 如图3.7所示，以 x 为积分变量，其取值范围为 $[1,2]$，对于任意 $x\in[1,2]$，在小区间 $[x,x+\mathrm{d}x]$ 上，其体积元素为 $\mathrm{d}V=\pi(2^x)^2\mathrm{d}x=\pi4^x\mathrm{d}x$，于是，$V=\int_1^2\mathrm{d}V=\int_1^2\pi4^x\mathrm{d}x=\pi\frac{4^x}{\ln 4}\Big|_1^2=\frac{12\pi}{\ln 4}$.

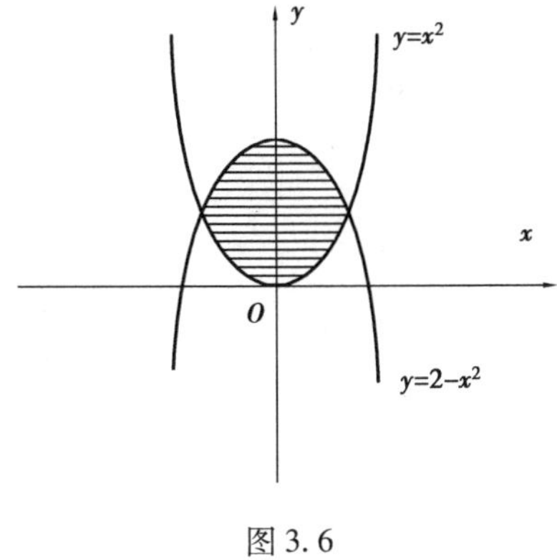

图3.6

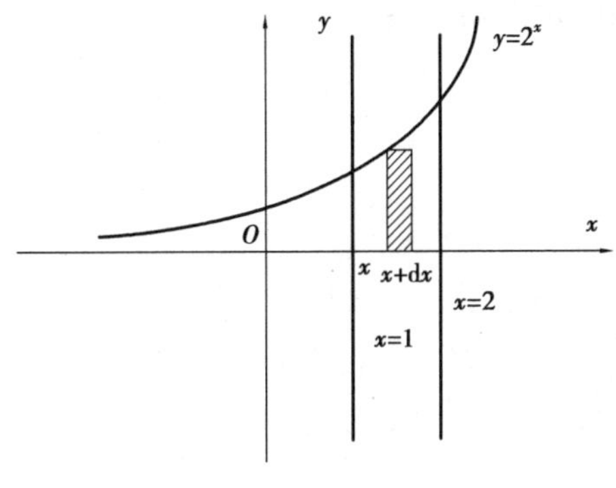

图3.7

(3) 弧长微元为

$$ds = \sqrt{1+y'^2}\,dx = \sqrt{1+\left(\frac{e^x-e^{-x}}{2}\right)^2}\,dx = \sqrt{1+\frac{e^{2x}+e^{-2x}-2}{4}}\,dx$$

$$= \sqrt{\frac{e^{2x}+e^{-2x}+2}{4}}\,dx = \sqrt{\left(\frac{e^x+e^{-x}}{2}\right)^2}\,dx = \frac{e^x+e^{-x}}{2}dx.$$

则所求的光滑曲线的弧长为

$$s = \int_0^1 ds = \int_0^1 \frac{e^x+e^{-x}}{2}dx = \frac{e^x-e^{-x}}{2}\Big|_0^1 = \frac{e-e^{-1}}{2}.$$

(4) 在时间间隔$[t,t+dt]$内,把质点的运动看成以速度$v(t)=t\sin t^2$的匀速直线运动,故质点在这段时间间隔内的位移微元为$ds=v(t)dt=t\sin t^2dt$,于是质点的位移函数为

$$s(t) = \int_0^t t\sin t^2 dt = \frac{1}{2}\int_0^t \sin t^2\, dt^2 = -\frac{1}{2}\cos t^2\Big|_0^t = \frac{1}{2}(1-\cos t^2).$$

质点从时刻$t_1=\sqrt{\frac{\pi}{2}}$到$t_2=\sqrt{\pi}$内所经过的位移为

$$s_0 = s(t_2)-s(t_1) = \frac{1}{2}(1-\cos\pi)-\frac{1}{2}\left(1-\cos\frac{\pi}{2}\right) = \frac{1}{2}.$$

(5)

① 总成本函数为

$$C(x) = C_0+\int_0^x C'(x)dx = 10+\int_0^x(2-x)dx = 10+2x-\frac{x^2}{2}.$$

② 收益函数为

$$R(x) = \int_0^x R'(x)dx = \int_0^x(20-4x)dx = 20x-2x^2.$$

③ 利润函数为

$$L(x) = R(x)-C(x) = 20x-2x^2-\left(10+2x-\frac{x^2}{2}\right)$$

$$= -\frac{3x^2}{2}+18x-10.$$

由$L'(x)=-3x+18=0$,得$x=6$,因为$L''(x)=-3<0$,$L''(6)<0$,所以当产量为6时利润最大,其最大值为

$$L(6) = -\frac{3}{2}\times 6^2+18\times 6-10 = 44.$$

第 4 章 多元函数微积分

本章归纳与总结

一、内容提要

本章是在一元函数微积分的基础上,进一步研究二元函数的性态.主要介绍空间解析几何(简介)、多元函数的概念、偏导数、全微分、二元复合函数的微分法、求二元函数极值与最值的方法以及二重积分的两种积分法等内容.

1. 空间解析几何简介

(1)空间直角坐标系.

将数轴(一维)、平面直角坐标系(二维)进一步推广建立空间直角坐标系(三维),如图4.1所示.

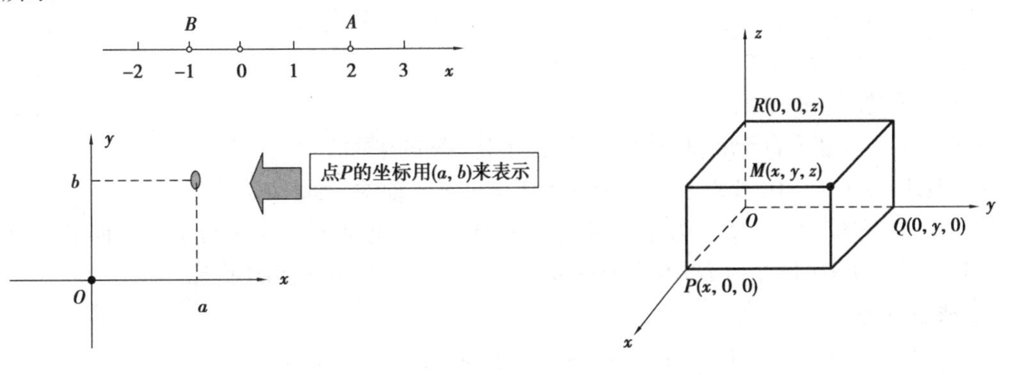

图 4.1

其中:

①定点 O 为坐标原点.

②三条数轴 Ox、Oy、Oz 称为坐标轴,分别称为横轴、纵轴、竖轴.

③三条坐标轴的任意两条可以确定一个平面,这样确定的三个平面称为坐标平面,分别为

xOy,yOz,xOz 坐标平面.

④给定空间一点 M 作三个坐标平面的平行平面分别交三条坐标轴于 P,Q,R,坐标依次为 $P(x,0,0)$、$Q(0,y,0)$、$R(0,0,z)$,则三元有序组(x,y,z)为 M 的坐标,记为 $M=(x,y,z)$.

⑤三坐标平面 xOy,yOz,xOz 将空间分为 8 个部分,每一部分称为一个卦限.

⑥坐标原点为$(0,0,0)$,三条坐标轴 Ox、Oy、Oz 上点的坐标分别为$(x,0,0)$,$(0,y,0)$,$(0,0,z)$.

⑦三坐标平面 xOy,yOz,xOz 上点的坐标分别为$(x,y,0)$,$(0,y,z)$,$(x,0,z)$.

各卦限内 x,y,z 三个坐标分量的符号见表 4.1.

表 4.1

卦　限	Ⅰ	Ⅱ	Ⅲ	Ⅳ	Ⅴ	Ⅵ	Ⅶ	Ⅷ
x 的正负	+	−	−	+	+	−	−	+
y 的正负	+	+	−	−	+	+	−	−
z 的正负	+	+	+	+	−	−	−	−

(2)空间两点间的距离公式.

一维:若 $d=|M_1M_2|=\sqrt{(x_2-x_1)^2+(y_2-y_1)^2}$,当 $y_2=y_1$ 时,为直线上的两点,则距离为 $d=|M_1M_2|=|x_2-x_1|$.

二维:若 $M_1=(x_1,y_1)$、$M_2=(x_2,y_2)$为平面两点,则距离为:$d=|M_1M_2|=\sqrt{(x_2-x_1)^2+(y_2-y_1)^2}$.

三维:若 $M_1=(x_1,y_1,z_1)$、$M_2=(x_2,y_2,z_2)$为空间中的两点,则距离为:

$$d=|M_1M_2|=\sqrt{(x_2-x_1)^2+(y_2-y_2)^2+(z_2-z_1)^2}.$$

(3)空间曲面及方程.

①平面的方程.

任一平面都可以用三元一次方程 $Ax+By+Cz+D=0$ 来表示.

几个平面图形特点:

$D=0$:通过原点的平面.

$A=0$:法线向量垂直于 x 轴,表示一个平行于 x 轴的平面.

同理:$B=0$ 或 $C=0$,分别表示一个平行于 y 轴或 z 轴的平面.

$A=B=0$:方程为 $Cz+D=0$,法线向量为$\{0,0,C\}$,方程表示一个平行于 xOy 面的平面.

同理:$Ax+D=0$ 和 $By+D=0$ 分别表示平行于 yOz 面和 xOz 面的平面.

②球面方程.

$$(x-x_0)^2+(y-y_0)^2+(z-z_0)^2=R^2$$

特别地:如果球心在原点,那么球面方程为 $x^2+y^2+z^2=R^2$.

③旋转曲面的方程.

定义 1　一条平面曲线绕其平面上的一条直线旋转一周所形成的曲面称为旋转曲面,平面曲线和定直线依次称为旋转曲面的母线和轴.

设在 xOy 坐标面上有一已知曲线 C,它的方程为 $f(x,y)=0$. 把曲线 C 绕 z 轴旋转一周,就

得到一个以 z 轴为轴的旋转曲面，

旋转曲面的方程：

$$f(\pm\sqrt{x^2+y^2},z)=0$$

旋转曲面图绕哪个轴旋转，该变量不变，另外的变量将缺的变量补上，改成正负二者的完全平方根的形式.

④柱面的方程.

定义2　平行于定直线 l_0 并沿定曲线 C 移动的直线 L 形成的轨迹称为柱面. 其中定曲线 C 称为准线，动直线 L 称为母线.

特征：x,y,z 三个变量中若缺其中之一（例如 y），则方程表示母线平行于 y 轴的柱面.

几个常用的柱面：

圆柱面：$x^2+y^2=R^2$（母线平行于 z 轴）；

抛物柱面：$y^2=2x$（母线平行于 z 轴）；

椭圆柱面：$\dfrac{x^2}{a^2}+\dfrac{y^2}{b^2}=1$（母线平行于 z 轴）；

双曲柱面：$\dfrac{x^2}{a^2}-\dfrac{y^2}{b^2}=1$（母线平行于 z 轴）.

2. 二元函数的定义

设集合 D 是平面点集，若 $\forall P(x,y)\in D$，通过某一对应法则（或对应关系）f，在实数域 $\mathbf{R}$ 内总可以找到一个实数 z 与之对应，则称 f 确定了从平面点集 D 到实数域 $\mathbf{R}$ 上的一个二元函数. 记为：$z=f(x,y)$.

称 x,y 为自变量，z 为因变量（有时称为函数）.

类似地，可以给出三元及三元以上函数的定义，二元及二元以上的函数统称为多元函数.

注意

①确定二元函数两个要素：一是定义域，二是对应法则；

②在求二元函数的定义域时，如果函数是由解析式表示，应根据解析式求出自变量的取值范围，即使函数有意义的一切点组成的平面点集；如果是由实际问题给出的，还应该考虑实际问题的意义.

3. 二元函数的图形

一元函数的图形在平面直角坐标系下是一条平面曲线，而二元函数的图形在空间直角坐标系下是一张空间曲面，这为我们研究问题提供了直观想象.

例如，$z=Ax+By+D$ 表示平面，$z=x^2+y^2$ 表示旋转抛物面，$z=\sqrt{R^2-x^2-y^2}$ 表示上半球面，$z=\sqrt{x^2+y^2}$ 表示上半锥面，$z=y^2-x^2$ 表示双曲抛物面.

4. 多元函数的极限

定义3　设二元函数 $z=f(x,y)$ 在点 $P_0(x_0,y_0)$ 的某一个去心领域内有定义，当点 $P(x,y)$ 以任意的方式趋于 $P_0(x_0,y_0)$ 时，二元函数 $z=f(x,y)$ 都无限趋于同一确定的常数 A，就称 A 是二元函数 $z=f(x,y)$ 当 P 趋于 P_0 时（即 $x\to x_0,y\to y_0$）的极限.

记为：

$$\lim_{\substack{x\to x_0\\ y\to y_0}} f(x,y) = A \text{ 或} \lim_{p\to p_0} f(x,y) = A$$

$$\text{或} f(x,y)\to A(x\to x_0,y\to y_0)$$

为了区别一元函数与二元函数的极限，把二元函数的极限称为二重极限.

注意 ①对一元函数而言，有极限存在的充要条件：$\lim_{x\to x_0} f(x) = a \Leftrightarrow \lim_{x\to x_0^+} f(x) = a$，$\lim_{x\to x_0^-} f(x) = a$. 但对二元函数 $z=f(x,y)$ 而言要复杂得多，因为动点在平面区域上趋于定点的方式可以是任意的. 通常用定义来证明二元函数的极限往往比较困难.

②如果动点 $P(x,y)$ 沿两种不同的路径趋近于点 $P_0(x_0,y_0)$ 时，函数趋近于不同的值，则可以判定函数的二重极限一定不存在.

二元函数的极限与一元函数极限的形式相同，所以二元函数具有与一元函数相同的四则运算法则.

定理 1 设 $\lim_{P\to P_0} f(x,y)=A$，$\lim_{P\to P_0} g(x,y)=B$，K 为常数，则：

(1) $\lim_{P\to P_0}[Kf(x,y)]=K\lim_{P\to P_0} f(x,y)=KA$；

(2) $\lim_{P\to P_0}(f(x,y)\pm g(x,y))=\lim_{P\to P_0} f(x,y)\pm\lim_{P\to P_0} g(x,y)=A\pm B$；

(3) $\lim_{P\to P_0}(f(x,y)\cdot g(x,y))=\lim_{P\to P_0} f(x,y)\cdot\lim_{P\to P_0} g(x,y)=A\cdot B$；

(4) $\lim_{P\to P_0}\dfrac{f(x,y)}{g(x,y)}=\dfrac{\lim\limits_{P\to P_0} f(x,y)}{\lim\limits_{P\to P_0} g(x,y)}=\dfrac{A}{B},(B\neq 0)$.

以上概念及性质可以推广到三元及三元以上的多元函数.

5. 多元函数的连续

定义 4 设二元函数 $z=f(x,y)$ 在 $P_0(x_0,y_0)$ 邻域内有定义，若 $\lim_{\substack{x\to x_0\\ y\to y_0}} f(x,y)=f(x_0,y_0)$，则称二元函数 $z=f(x,y)$ 在 $P_0(x_0,y_0)$ 点连续.

由定义可知，二元函数 $z=f(x,y)$ 在 $P_0(x_0,y_0)$ 点连续必须满足的三个条件：

(1) 在 $P_0(x_0,y_0)$ 邻域内有定义；

(2) 有极限 $\lim_{\substack{x\to x_0\\ y\to y_0}} f(x,y)=A$；

(3) $A=f(x_0,y_0)$.

二元函数在一点连续的定义，可以用增量的形式来表示，若函数在 $P_0(x_0,y_0)$ 的自变量 x,y 各有一个改变量 $\Delta x,\Delta y$，相应的函数就有一个改变量：

$$\Delta z = \Delta f = f(x_0+\Delta x,y_0+\Delta y)-f(x_0,y_0),$$

称 Δz 为二元函数 $z=f(x,y)$ 在 $P_0(x_0,y_0)$ 点的全增量.

定义 5 设二元函数 $z=f(x,y)$ 在 $P_0(x_0,y_0)$ 邻域内有定义，若

$$\lim_{\substack{\Delta x\to 0\\ \Delta y\to 0}}\Delta z = \lim_{\substack{\Delta x\to 0\\ \Delta y\to 0}}[f(x_0+\Delta x,y_0+\Delta y)-f(x_0,y_0)] = 0.$$

则称二元函数 $z=f(x,y)$ 在 $P_0(x_0,y_0)$ 点连续. 若二元函数 $z=f(x,y)$ 在 $P_0(x_0,y_0)$ 点不连续，则称其在 $P_0(x_0,y_0)$ 点间断.

6. 二元连续函数在有界闭区域上的性质

性质 1(最大值和最小值)　设函数 $f(x,y)$ 在有界闭区域 D 上连续，则 $f(x,y)$ 在 D 上至少各取得一次最大值和最小值.

性质 2(四则运算性质)　若二元函数 $f(x,y)$，$g(x,y)$ 在点 $P_0(x_0,y_0)$ 连续，则二元函数

$$f(x,y)\pm g(x,y),\ f(x,y)\cdot g(x,y),\ \frac{f(x,y)}{g(x,y)}(g(x,y)\neq 0)\ 在\ P_0(x_0,y_0)\ 连续.$$

性质 3　一切多元初等函数在其定义区域内是连续的.

例如 $\dfrac{1+x+x^2-y^2}{1+y^2}$，$\sin(x+y+1)$，$e^{2x^2+xy}$ 等都是二元初等函数.

性质 4(介值定理)　设函数 $f(x,y)$ 在有界闭区域 D 上连续，M,m 分别是它在区域 D 上的最大值和最小值，对满足 $m<\mu<M$ 的 μ，在区域 D 上至少存在一点 $Q(\xi,\zeta)$ 使得 $f(\xi,\zeta)=\mu$.

性质 5(零点存在定理)　若函数 $f(x,y)$ 在有界闭区域 D 上连续，且在它取到的不同函数值中，有一个大于零，另一个小于零，则至少存在一点 (ξ,η)，使得 $f(\xi,\eta)=0$.

性质 6(有界性定理)　若函数 $f(x,y)$ 在有界闭区域 D 上连续，则它在 D 上有界.

7. 多元函数求偏导

定义 6　设二元函数 $z=f(x,y)$ 在 $P_0(x_0,y_0)$ 点的邻域内有定义，若

$$\lim_{\Delta x\to 0}\frac{\Delta z_x}{\Delta x}=\lim_{\Delta x\to 0}\frac{f(x_0+\Delta x,y_0)-f(x_0,y_0)}{\Delta x}$$

存在，则称此极限值为函数 $z=f(x,y)$ 在 $P_0(x_0,y_0)$ 点处关于 x 的偏导数. 记作：

$$\left.\frac{\partial f}{\partial x}\right|_{\substack{x=x_0\\y=y_0}},\left.\frac{\partial z}{\partial x}\right|_{\substack{x=x_0\\y=y_0}} 或 \frac{\partial f(x_0,y_0)}{\partial x},\left.\frac{\partial z}{\partial x}\right|_{(x_0,y_0)} 或 f'_x(x_0,y_0),z'_x(x_0,y_0).$$

如果二元函数在区域 D 内对任意一点 $P(x,y)$ 都存在关于 x 的偏导数 $f'_x(x,y)$，则称它为函数 $z=f(x,y)$ 对自变量 x 的偏导函数. 记作：

$$\frac{\partial f}{\partial x},\ \frac{\partial z}{\partial x},\ z'_x.$$

类似地，可以给出二元函数 $z=f(x,y)$ 在 $P_0(x_0,y_0)$ 点(任意点)关于 y 的偏导数(偏导函数)的定义.

注意　偏导数和偏导函数的联系区别. 在以后不容易混淆的地方，我们将偏导数和偏导函数通称为偏导数.

(1)偏导数的求法.

由定义可知，求二元函数 $z=f(x,y)$ 对 x(或 y)的偏导数，只要把变量 y(或 x)看作常数，按照一元函数的求导法则，求 z 对 x(或 y)的导数即可；可推广到三元及三元以上.

(2)偏导数与函数连续性的关系.

在一元函数的微分里，函数 $f(x)$ 在某点可导必连续，但对二元函数 $f(x,y)$ 来说，即使它在某点对 x 和 y 的偏导数都存在，但函数在该点也不一定连续；这也是一元函数与多元函数的区别之处.

(3)二元函数的极限、连续、偏导、可微关系图如图 4.2 所示.

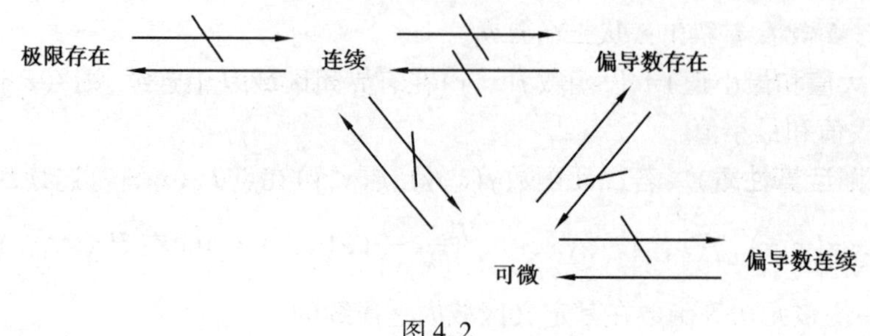

图 4.2

8. 高阶偏导数

设二元函数在区域 D 内任意一点 (x,y) 具有偏导数 $\frac{\partial z}{\partial x},\frac{\partial z}{\partial y}$;若这两个偏导数还存在关于 x、y 的偏导数,即

$$\frac{\partial}{\partial x}\left(\frac{\partial z}{\partial x}\right),\frac{\partial}{\partial y}\left(\frac{\partial z}{\partial x}\right)\text{与}\frac{\partial}{\partial x}\left(\frac{\partial z}{\partial y}\right),\frac{\partial}{\partial y}\left(\frac{\partial z}{\partial y}\right)$$

则称这 4 个偏导数是二元函数 $z=f(x,y)$ 的二阶偏导数. 记为:

$$\begin{cases}\frac{\partial}{\partial x}\left(\frac{\partial z}{\partial x}\right)=\frac{\partial^2 z}{\partial x^2}=z''_{xx}=f''_{xx}(x,y)=z''_{x^2}\\ \frac{\partial}{\partial y}\left(\frac{\partial z}{\partial x}\right)=\frac{\partial^2 z}{\partial x\partial y}=z''_{xy}=f''_{xy}(x,y)\\ \frac{\partial}{\partial x}\left(\frac{\partial z}{\partial y}\right)=\frac{\partial^2 z}{\partial y\partial x}=z''_{yx}=f''_{yx}(x,y)\\ \frac{\partial}{\partial y}\left(\frac{\partial z}{\partial y}\right)=\frac{\partial^2 z}{\partial y^2}=z''_{yy}=f''_{yy}(x,y)=z''_{y^2}\end{cases}$$

其中 $\frac{\partial^2 z}{\partial x\partial y}=z''_{xy}=f''_{xy}(x,y)$ 是表示二元函数是依次先对 x 求偏导,再对 y 求偏导数. $f''_{xy}(x,y)$,$f''_{yx}(x,y)$ 称为二阶混合偏导数,一般情况下是不相等的. 类似地,我们可以定义三元以及三元以上的多元函数的偏导数.

一般情况下,$z=f(x,y)$ 的 $n-1$ 阶偏导函数的偏导数称为 n 阶偏导数,二阶与二阶以上的偏导数统称为高阶偏导数.

注意 在求二元函数的偏导数时,会发现:一阶偏导数有 2 个,二阶偏导数有 4 个,三阶偏导数有 8 个,……,n 阶偏导数有 2^n 个.

定理 2 若函数 $z=f(x,y)$ 的二阶混合偏导数 $\frac{\partial^2 z}{\partial x\partial y}$ 或 $f''_{xy}(x,y)$,$\frac{\partial^2 z}{\partial y\partial x}$ 或 $f''_{yx}(x,y)$ 在区域 D 内连续,则 $\frac{\partial^2 z}{\partial x\partial y}=\frac{\partial^2 z}{\partial y\partial x}$ 或 $f''_{xy}(x,y)=f''_{yx}(x,y)$.

注意 二阶混合偏导数在连续的条件下与求导的次序无关,高阶混合偏导数在连续的条件下与求导的次序也无关.

9. 多元函数的微分法则

定义 7 设函数 $z=f(u,v)$,而 u,v 均为 x,y 的函数,即 $u=u(x,y)$,$v=v(x,y)$,则函数 $z=f[u(x,y),v(x,y)]$ 称为 x、y 的复合函数. 其中 u、v 称为中间变量,x、y 称为自变量.

在一元函数微分法中,我们讨论过复合函数微分法,而复合函数 $y=f(u)$,$u=\varphi(x)$ 的微

分法

$$\frac{\mathrm{d}f}{\mathrm{d}x}=\frac{\mathrm{d}f}{\mathrm{d}u}\cdot\frac{\mathrm{d}u}{\mathrm{d}x}$$

起着关键作用,在多元函数的微分法中,复合函数的微分法同样起着关键作用.

复合函数的微分法.

①两个中间变量,一个自变量的情形.

定理 3　设函数 $z=f(u,v)$ 在点 (u,v) 具有关于 u,v 的一阶连续偏导数,函数 $u=\varphi(x)$, $v=\psi(x)$ 对 x 的导数存在,则复合函数 $z=f[\varphi(x),\psi(x)]$ 在对应的 x 点也可导,且

$$\frac{\mathrm{d}z}{\mathrm{d}x}=\frac{\partial f}{\partial u}\frac{\mathrm{d}u}{\mathrm{d}x}+\frac{\partial f}{\partial v}\frac{\mathrm{d}v}{\mathrm{d}x}.$$

自变量只有一个的复合函数,如果该函数对自变量的导数存在,则称该导数为全导数.

定理中的公式称为复合函数的偏导数的链式法则,它可以推广到各种复合关系的复合函数中去.

②两个中间变量,两个自变量的情形.

定理 4　设函数 $z=f(u,v)$ 在点 (u,v) 具有关于 u,v 的一阶连续偏导数,而函数 $u=\varphi(x,y)$, $v=\psi(x,y)$ 在点 (x,y) 具有关于 x,y 的一阶偏导数;则复合函数 $z=f[\varphi(x),\psi(x)]$ 在点 (x,y) 具有关于 x,y 的一阶偏导数,且

$$\frac{\partial z}{\partial x}=\frac{\partial z}{\partial u}\frac{\partial u}{\partial x}+\frac{\partial z}{\partial v}\frac{\partial v}{\partial x},$$

$$\frac{\partial z}{\partial y}=\frac{\partial z}{\partial u}\frac{\partial u}{\partial y}+\frac{\partial z}{\partial v}\frac{\partial v}{\partial y}.$$

定义 8　设函数 $z=f(x,y)$ 在点 $P(x_0,y_0)$ 的邻域内有定义,当自变量 x,y 在点 $P(x_0,y_0)$ 各自有一个很小的改变量 Δx、Δy 时,相应的函数有一个全增量

$$\Delta z=f(x_0+\Delta x,y_0+\Delta y)-f(x_0,y_0)$$

若 Δz 可表示为 $\Delta z=A\Delta x+B\Delta y+o(\rho)$,其中 A、B 是与 Δx、Δy 无关,仅与 x、y 有关的函数或常数,而 $o(\rho)$ 是当 $\rho=\sqrt{\Delta x^2+\Delta y^2}\to 0$ 时的高阶无穷小,即 $\lim\limits_{\rho\to 0}\frac{o(\rho)}{\rho}=0$,则称函数在点 $P(x_0,y_0)$ 处可微,且 $A\Delta x+B\Delta y$ 称为函数在点 $P(x_0,y_0)$ 处的全微分.

记作 $\mathrm{d}z\big|_{(x_0,y_0)}=A\Delta x+B\Delta y$.

定理 5(可微的必要条件)　如果函数 $z=f(x,y)$ 在点 (x,y) 可微,则它在点 (x,y) 处的偏导数 $\frac{\partial z}{\partial x},\frac{\partial z}{\partial y}$ 存在,并有 $\mathrm{d}z=f'_x\mathrm{d}x+f'_y\mathrm{d}y=\frac{\partial z}{\partial x}\Delta x+\frac{\partial z}{\partial y}\Delta y$.

习惯上,我们把自变量的改变量 Δx、Δy 分别记作 $\mathrm{d}x$、$\mathrm{d}y$,并称为自变量的微分. 所以二元函数在点 $P(x,y)$ 处的全微分可以表示为 $\mathrm{d}z=f'_x\mathrm{d}x+f'_y\mathrm{d}y=\frac{\partial z}{\partial x}\mathrm{d}x+\frac{\partial z}{\partial y}\mathrm{d}y$.

定理 6(可微的充分条件)　如果函数 $z=f(x,y)$ 的偏导数 $\frac{\partial z}{\partial x},\frac{\partial z}{\partial y}$ 在点 (x,y) 处连续,则函数 $z=f(x,y)$ 在点 (x,y) 处可微.

定理 7　二元函数 $z=f(x,y)$ 在点 (x,y) 处可微分,则函数 $z=f(x,y)$ 在点 (x,y) 处连续.

类似地,二元函数的微分及性质可以推广到三元以及三元以上的函数.

如果三元函数 $u=f(x,y,z)$ 可微,那么它的全微分为 $du=f'_x dx+f'_y dy+f'_z dz=\frac{\partial u}{\partial x}dx+\frac{\partial u}{\partial y}dy+\frac{\partial u}{\partial z}dz$.

10. 二元函数的极值和最值

定义 9 设二元函数 $z=f(x,y)$ 定义在区域 D 上,$P_0(x_0,y_0)$ 是区域 D 的内点,$\forall\delta>0$,$\forall(x,y)\in U(P_0,\delta)$ 有

$$f(x,y)\leqslant f(x_0,y_0),(\text{或}f(x,y)\geqslant f(x_0,y_0))$$

则称二元函数 $z=f(x,y)$ 在 $P_0(x_0,y_0)$ 点取得极大值(或取得极小值),$P_0(x_0,y_0)$ 称为函数 $z=f(x,y)$ 的极大值点(或极小值点).

极大值与极小值统称为极值,极大值点与极小值点统称为极值点.

11. 二元函数极值存在的必要条件

定理 8(极值点的必要条件) 设函数 $z=f(x,y)$ 在 $P_0(x_0,y_0)$ 点的两个偏导数都存在,若 $P_0(x_0,y_0)$ 是函数的极值点,则

$$\begin{cases}f'_x(x_0,y_0)=0\\f'_y(x_0,y_0)=0\end{cases}.$$

定义 10 设函数 $z=f(x,y)$ 在 $P(x,y)$ 点的两个偏导数都存在,满足

$$\begin{cases}f'_x(x,y)=0\\f'_y(x,y)=0\end{cases}$$

的点 (x,y) 称为函数的**稳定点**(或叫作**驻点**).

注意 可微函数 $f(x,y)$ 的极值点一定是驻点,反过来不一定成立;即驻点不一定是极值点.

12. 二元函数极值存在的充分条件

定理 9(取得极值的充分条件) 设函数 $z=f(x,y)$ 在 $P_0(x_0,y_0)$ 点的邻域内具有连续的二阶偏导数,且 $P_0(x_0,y_0)$ 是该函数的驻点,即 $f'_x(x_0,y_0)=0$,$f'_y(x_0,y_0)=0$,令

$$A=f''_{x^2}(x_0,y_0),B=f''_{xy}(x_0,y_0),C=f''_{y^2}(x_0,y_0),\Delta=B^2-AC,$$

则:

(1)当 $\Delta<0$ 时,函数 $f(x,y)$ 在 $P_0(x_0,y_0)$ 点取得极值;

①当 $A>0$(必有 $C>0$)时,函数 $f(x,y)$ 在 $P_0(x_0,y_0)$ 点取得极小值;

②当 $A<0$(必有 $C<0$)时,函数 $f(x,y)$ 在 $P_0(x_0,y_0)$ 点取得极大值;

(2)当 $\Delta>0$ 时,函数 $f(x,y)$ 在 $P_0(x_0,y_0)$ 点不取极值;

(3)当 $\Delta=0$ 时,函数 $f(x,y)$ 在 $P_0(x_0,y_0)$ 点处可能取得极值,也可能没有极值,要另行讨论,这类属于无法判定型.

13. 求极值的步骤

(1)解方程组 $\begin{cases}f'_x(x,y)=0\\f'_y(x,y)=0\end{cases}$,求驻点.

(2)对每个驻点,求出定理 9 中所有相应的 A,B,C,Δ.

(3)根据定理的结论判定哪个驻点取得极值和不取得极值.

(4)对于极值点,求出相应的极值.

14. 二元函数最值的定义

定义 11　设二元函数 $z=f(x,y)$ 定义在区域 D 上,$P_0(x_0,y_0)$ 是区域 D 的内点,$\forall(x,y)\in D$ 有 $f(x,y)\leqslant f(x_0,y_0)$,(或 $f(x,y)\geqslant f(x_0,y_0)$),则称二元函数 $z=f(x,y)$ 在 $P_0(x_0,y_0)$ 点取得最大值(或最小值),$P_0(x_0,y_0)$ 称为函数 $z=f(x,y)$ 的最大值点(或最小值点). 最大值与最小值统称为最值,最大值点与最小值点统称为最值点.

注意　最值是整体性概念,极值是局部性概念.

15. 二元函数最值的求法

若二元函数 $z=f(x,y)$ 在闭区域 D 上连续,先求其极值,再求函数在边界上的最大值和最小值,与极值进行比较,哪个最大(小)就是最大(小)值,其步骤如下:

(1)求出区域 D 内部所有驻点及偏导数不存在的点,并计算函数值.

(2)求出区域 D 的边界上的最大(小)值.

(3)将函数在边界上的最大值和最小值与 D 中取到的函数值进行比较,哪个最大(小)就是最大(小)值.

$$\text{最大值} = \max\{\text{极值},\text{边界值}\},\text{最小值} = \min\{\text{极值},\text{边界值}\}$$

实际问题中的最值求解步骤,根据实际问题建立函数关系,并且确定函数的定义域;求出唯一的驻点;结合实际问题的属性求出其最大(小)值.

16. 二重积分的概念与性质

(1) 二重积分的概念.

定义 12　设 $f(x,y)$ 是有界闭区域 D 上的有界函数. 将闭区域 D 任意分成 n 个小闭区域 $\Delta\sigma_1,\Delta\sigma_2,\cdots,\Delta\sigma_n$, 其中 $\Delta\sigma_i$ 表示第 i 个小闭区域,也表示它的面积,所对应的直径分别为 d_1, $d_2,\cdots,d_n$,在每个 $\Delta\sigma_i$ 上任取一点 (ξ_i,η_i),作乘积 $f(\xi_i,\eta_i)\Delta\sigma_i$,$(i=1,2,\cdots,n)$,并作和 $\sum\limits_{i=1}^{n}f(\xi_i,\eta_i)\Delta\sigma_i$,如果各小闭区域的直径中的最大值 $\lambda=\max\{d_1,d_1,\cdots,d_n\}$ 趋近于零, 这和式的极限存在, 则称此极限为函数 $f(x,y)$ 在闭区域 D 上的二重积分, 记为 $\iint\limits_D f(x,y)\mathrm{d}\sigma$, 即

$$\iint\limits_D f(x,y)\mathrm{d}\sigma = \lim_{\lambda\to 0}\sum_{i=1}^{n} f(\xi_i,\eta_i)\Delta\sigma_i.$$

其中 $f(x,y)$ 称为被积函数, $f(x,y)\mathrm{d}\sigma$ 称为被积表达式, $\mathrm{d}\sigma$ 称为面积微元, x 和 y 称为积分变量,D 称为积分区域,并称 $\sum\limits_{i=1}^{n}f(\xi_i,\eta_i)\Delta\sigma_i$ 为积分和.

在直角坐标系中,面积微元 $\mathrm{d}\sigma$ 可记为 $\mathrm{d}x\mathrm{d}y$. 即 $\mathrm{d}\sigma=\mathrm{d}x\mathrm{d}y$. 进而把二重积分记为 $\iint\limits_D f(x,y)\mathrm{d}x\mathrm{d}y$, 这里我们把 $\mathrm{d}x\mathrm{d}y$ 称为直角坐标系下的面积微元.

二重积分的几何意义:曲顶柱体的体积为 $V=\iint\limits_D f(x,y)\mathrm{d}\sigma(f(x,y)\geqslant 0)$;

二重积分的物理意义:平面非均匀薄片的质量为 $m=\iint\limits_D \rho(x,y)\mathrm{d}\sigma$.

(2)二重积分的几何意义.

当被积函数$f(x,y)$大于零时,二重积分是柱体的体积.

当被积函数$f(x,y)$小于零时,二重积分是柱体体积的负值.

当被积函数$f(x,y)$在区域上有正有负时,二重积分是柱体的体积的代数和(xOy平面以上围成的体积为正,xOy平面以下围成的体积为负).

(3)二重积分的性质.

性质7 齐次性.

$$\iint_D kf(x,y)\mathrm{d}\sigma = k\iint_D f(x,y)\mathrm{d}\sigma\ (k\text{ 为常数}).$$

性质8 可加性.

$$\iint_D [f(x,y) \pm g(x,y)]\mathrm{d}\sigma = \iint_D f(x,y)\mathrm{d}\sigma \pm \iint_D g(x,y)\mathrm{d}\sigma.$$

性质9 积分区域的可加性.

如果区域D可分割$D=D_1\cup D_2$,其中D_1、D_2是有界闭区域,并且它们没有公共内点,那么

$$\iint_D f(x,y)\mathrm{d}\sigma = \iint_{D_1} f(x,y)\mathrm{d}\sigma + \iint_{D_2} f(x,y)\mathrm{d}\sigma.$$

性质10 如果在有界闭区域D上,被积函数$f(x,y)=1$,σ为D的面积,则

$$\sigma = \iint_D 1\mathrm{d}\sigma = \iint_D \mathrm{d}\sigma.$$

几何意义:高为1的平顶柱体的体积在数值上正好等于该柱体的底面积.

性质11 如果$f(x,y)$、$g(x,y)$在区域D上可积,并且$f(x,y)\leqslant g(x,y)$,那么

$$\iint_D f(x,y)\mathrm{d}\sigma \leqslant \iint_D g(x,y)\mathrm{d}\sigma.$$

推论 $\left|\iint_D f(x,y)\mathrm{d}\sigma\right| \leqslant \iint_D |f(x,y)|\mathrm{d}\sigma.$

17.直角坐标系下讨论二重积分的计算

(1)区域分类.

为了便于计算,将平面区域进行适当的分类,分别称为矩形区域,X-型平面区域和Y-型平面区域.

(2)二重积分的计算.

①积分区域为矩形区域.

设矩形区域:$\{(x,y)\mid a\leqslant x\leqslant b, c\leqslant y\leqslant d\}$,连续函数$f(x,y)\geqslant 0$,则,

$$\iint_D f(x,y)\mathrm{d}x\mathrm{d}y = \int_a^b\left[\int_c^d f(x,y)\mathrm{d}y\right]\mathrm{d}x = \int_a^b \mathrm{d}x\int_c^d f(x,y)\mathrm{d}y \tag{4.1}$$

$$\iint_D f(x,y)\mathrm{d}x\mathrm{d}y = \int_c^d\left[\int_a^b f(x,y)\mathrm{d}x\right]\mathrm{d}y = \int_c^d \mathrm{d}y\int_a^b f(x,y)\mathrm{d}x \tag{4.2}$$

式4.1、式4.2表明,对于边界平行于坐标轴的矩形区域,可以直接交换积分次序.

特别地,当$f(x,y)=g(x)\cdot h(y)$(这时称$f(x,y)$为可分离变量),则

$$\iint_D f(x,y)\mathrm{d}x\mathrm{d}y = \int_a^b g(x)\mathrm{d}x\cdot\int_c^d h(y)\mathrm{d}y.$$

②积分区域为 X-型区域，如图 4.3 所示，即

$$\{(x,y)\mid a\leqslant x\leqslant b,\varphi_1(x)\leqslant y\leqslant\varphi_2(x)\},$$

则有

$$\iint\limits_D f(x,y)\,\mathrm{d}x\mathrm{d}y=\int_a^b\mathrm{d}x\int_{\varphi_1(x)}^{\varphi_2(x)}f(x,y)\,\mathrm{d}y.$$

注意　此积分顺序是，先计算$\int_{\varphi_1(x)}^{\varphi_2(x)}f(x,y)\,\mathrm{d}y$得一个关于 x 的变量式，再将该变量式在区间$[a,b]$上对 x 求积分，从而将该问题转化为两次求积分的问题，也称为二次积分或累次积分.

③积分区域为 Y-型区域，如图 4.4 所示，即

$$\{(x,y)\mid c\leqslant y\leqslant d,\psi_1(y)\leqslant x\leqslant\psi_2(y)\}.$$

则有

$$\iint\limits_D f(x,y)\,\mathrm{d}x\mathrm{d}y=\int_c^d\mathrm{d}y\int_{\psi_1(y)}^{\psi_2(y)}f(x,y)\,\mathrm{d}x.$$

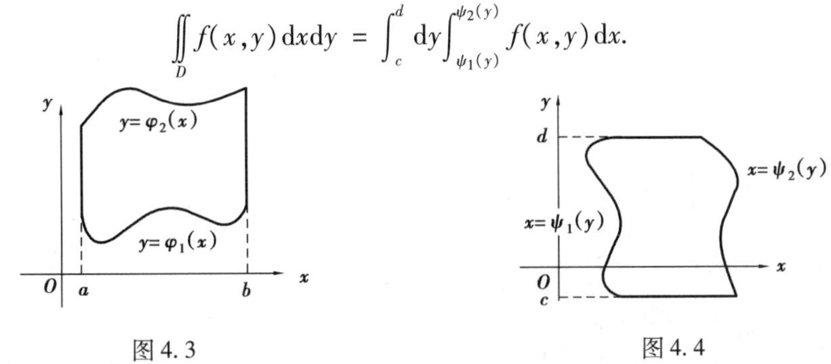

图 4.3　　　　图 4.4

注意　将二重积分转化为二次积分有两种形式，而具体选择哪种形式的二次积分，关键是要考虑积分区域和被积函数的特点.

二、重点与难点

(1)理解空间思想的建立，掌握曲面与方程的概念和常用的空间曲面与方程.

(2)理解二元函数的几何意义，会求二元函数的定义域，并能作出简单定义域对应的图形.

(3)理解偏导数的概念，熟练掌握偏导数的运算.

(4)熟练掌握全微分和复合函数的微分法运算，会求二元函数的极值.

(5)熟练掌握二重积分在直角坐标系中的计算.

典型例题解析

例 1　指出下列方程在空间直角坐标系中各表示什么图形.

(1)$x=2$；　(2)$z=1$；　(3)$x+y=1$.

解　(1)$x=2$ 是缺 y 和 z 的一次方程，所以在空间中，它表示平行于 yOz 坐标平面的平面.

(2)$z=1$ 是缺 x 和 y 的一次方程，所以在空间中，它表示平行于 xOy 坐标平面的平面.

(3)$x+y=1$ 是缺 z 的一次方程，所以在空间中，它表示平行于 z 坐标轴的平面.

例2 求下列函数的定义域,并判断它们是否为同一函数.

$z_1=\ln[(1-x^2)(1-y^2)]$,

$z_2=\ln[(1-x)(1+y)]+\ln[(1+x)(1-y)]$.

解 $\begin{cases}1-x^2>0,\\1-y^2>0,\end{cases}$或$\begin{cases}1-x^2<0,\\1-y^2<0,\end{cases}$

求得 z_1 的定义域

$$D_1=\{(x,y)\mid |x|<1,|y|<1\text{或}|x|>1,|y|>1\},$$

由$\begin{cases}(1-x)(1+y)>0,\\(1+x)(1-y)>0,\end{cases}$

求得 z_2 的定义域

$D_2=\{(x,y)\mid |x|<1,|y|<1$ 或 $x<-1,y>1$ 或 $x>1,y<-1\}$,由于 D_2 仅是 D_1 的一部分,所以 z_1,z_2 不是同一函数.

注意 和一元函数一样,判断两个函数是否为同一个函数应根据函数的两个要素:定义域和对应法则.当两个函数定义域和对应法则相同时,两个函数是同一个函数,否则,不是同一个函数.

例3 若$f\left(x+y,\dfrac{y}{x}\right)=x^2-y^2$,求$f(x,y)$.

解 令$\begin{cases}x+y=u,\\\dfrac{y}{x}=v,\end{cases}$ 解得$\begin{cases}x=\dfrac{u}{1+v},\\y=\dfrac{uv}{1+v}.\end{cases}$

于是 $f(u,v)=\left(\dfrac{u}{1+v}\right)^2-\left(\dfrac{uv}{1+v}\right)^2=\dfrac{u^2(1-v)}{1+v}$,

所以 $f(x,y)=\dfrac{x^2(1-y)}{1+y}(y\neq-1)$.

例4 讨论函数$f(x,y)=\begin{cases}\dfrac{x^2y}{x^4+y^2}, & x^2+y^2\neq0\\0, & x^2+y^2=0\end{cases}$在原点$(0,0)$处的极限.

解 (1)动点 $P(x,y)$ 沿着 y 轴趋于原点$(0,0)$时,有

$$\lim_{\substack{x=0\\y\to0}}f(x,y)=\lim_{y\to0}f(0,y)=0;$$

(2)当动点 $P(x,y)$ 沿着直线 $y=kx$(k 为常数)趋于原点$(0,0)$时,有

$$\lim_{\substack{x\to0\\y=kx}}f(x,y)=\lim_{x\to0}\frac{kx^3}{x^4+k^2x^2}=\lim_{x\to0}\frac{kx}{x^2+k^2}=0;$$

(3)当动点 $P(x,y)$ 沿着曲线 $y=x^2$ 趋于原点$(0,0)$时,有

$$\lim_{\substack{x\to0\\y=x^2}}f(x,y)=\lim_{x\to0}\frac{x^4}{x^4+x^4}=\frac{1}{2}.$$

故原函数在原点没有极限.

注意 (1)对一元函数而言,有极限存在的充要条件:$\lim\limits_{x\to x_0}f(x)=a\Leftrightarrow\lim\limits_{x\to x_0^+}f(x)=a,\lim\limits_{x\to x_0^-}f(x)=a$.但对二元函数 $z=f(x,y)$ 而言要复杂得多,也就是说,即使动点 $P(x,y)$ 以平行于 x 轴或平行于

y 轴两条直线的方式趋于定点 $P_0(x_0,y_0)$ 时有极限并且相等，即 $\lim\limits_{\substack{y=y_0\\x\to x_0}}f(x,y)=A$，$\lim\limits_{\substack{x=x_0\\y\to y_0}}f(x,y)=A$ 时，也不能保证 $\lim\limits_{\substack{x\to x_0\\y\to y_0}}f(x,y)=A$. 即使是动点 $P(x,y)$ 以无穷多种方式趋近于定点 $P_0(x_0,y_0)$ 时有极限并且相等，也不能保证其有极限. 因为动点在平面区域上趋于定点的方式可以是任意的.

(2)如果动点 $P(x,y)$ 沿两种不同的路径趋近于点 $P_0(x_0,y_0)$ 时，函数趋近于不同的值，则可以判定函数二重极限一定不存在.

例5　计算下列极限.

(1) $\lim\limits_{\substack{x\to 1\\y\to 2}}(4x+3y)$；　　(2) $\lim\limits_{\substack{x\to 0\\y\to 0}}\dfrac{\sqrt{xy+1}-1}{xy}$；

(3) $\lim\limits_{\substack{x\to 0\\y\to 1}}(1+xy)^{\frac{1}{x}}$.

解　(1) $\lim\limits_{\substack{x\to 1\\y\to 2}}(4x+3y)=4\times 1+3\times 2=10$.

(2)因为分子极限为0，分母极限也为0，采取分子有理化，即

$$\lim_{\substack{x\to 0\\y\to 0}}\frac{\sqrt{xy+1}-1}{xy}\xlongequal{r=xy}\lim_{r\to 0}\frac{\sqrt{r+1}-1}{r}$$

$$=\lim_{r\to 0}\frac{(\sqrt{r+1}-1)(\sqrt{r+1}+1)}{r(\sqrt{r+1}+1)}$$

$$=\lim_{r\to 0}\frac{r}{r(\sqrt{r+1}+1)}=\lim_{r\to 0}\frac{1}{\sqrt{r+1}+1}=\frac{1}{2}.$$

(3)该极限是“1^∞”型.

$$\lim_{\substack{x\to 0\\y\to 1}}(1+xy)^{\frac{1}{x}}=\lim_{\substack{x\to 0\\y\to 1}}\left[(1+xy)^{\frac{1}{xy}}\right]^{y}$$

$$=\lim_{\substack{x\to 0\\y\to 1}}\left[(1+xy)^{\frac{1}{xy}}\right]^{\lim\limits_{y\to 1}y}=e^1=e.$$

注意　多元函数的极限有时可以通过换元转化为一元函数的极限.

例6　设 $z=\ln(x+\sqrt{x^2+y^2})$，求 $\left.\dfrac{\partial z}{\partial x}\right|_{\substack{x=1\\y=2}}$.

解

$$\frac{\partial z}{\partial x}=\left[\ln(x+\sqrt{x^2+y^2})\right]'_x=\frac{1}{x+\sqrt{x^2+y^2}}\left[x+\sqrt{x^2+y^2}\right]'_x$$

$$=\frac{1}{x+\sqrt{x^2+y^2}}\left[1+\left[\sqrt{x^2+y^2}\right]'_x\right]$$

$$=\frac{1}{x+\sqrt{x^2+y^2}}\cdot\left[1+\frac{1}{2\sqrt{x^2+y^2}}\cdot(x^2+y^2)'_x\right]$$

$$=\frac{1}{x+\sqrt{x^2+y^2}}\cdot\left[1+\frac{1}{2\sqrt{x^2+y^2}}\cdot 2x\right]$$

$$= \frac{1}{x+\sqrt{x^2+y^2}} \cdot \left[1+\frac{1}{\sqrt{x^2+y^2}} \cdot x\right]$$

$$= \frac{1}{\sqrt{x^2+y^2}}$$

$$\left.\frac{\partial z}{\partial x}\right|_{\substack{x=1\\y=2}} = \left.\frac{1}{\sqrt{x^2+y^2}}\right|_{\substack{x=1\\y=2}} = \frac{\sqrt{5}}{5}.$$

例 7 设 $z=u+v$, $u=x\cos y, v=x\sin y$,求全微分 dz.

解 $z=u+v=x(\cos y+\sin y)$

$$\mathrm{d}z=\frac{\partial z}{\partial x}\mathrm{d}x+\frac{\partial z}{\partial y}\mathrm{d}y$$

$$=[x(\cos y+\sin y)]'_x\mathrm{d}x+[x(\cos y+\sin y)]'_y\mathrm{d}y$$

$$=(\cos y+\sin y)\mathrm{d}x+x(\cos y-\sin y)\mathrm{d}y.$$

例 8 求函数 $f(x,y)=\dfrac{1}{x^2+y^2}$ 的二阶混合偏导数 $f''_{xy}(x,y)$.

解 $f'_x(x,y)=\left(\dfrac{1}{x^2+y^2}\right)'_x=-\dfrac{1}{(x^2+y^2)^2}(x^2+y^2)'_x=-\dfrac{2x}{(x^2+y^2)^2}$

$$f''_{xy}(x,y)=(f'_x(x,y))'_y=\left(\frac{-2x}{(x^2+y^2)^2}\right)'_y=-2x\cdot\frac{-1}{(x^2+y^2)^4}[(x^2+y^2)^2]'_y$$

$$=2x\cdot\frac{1}{(x^2+y^2)^4}\cdot 2(x^2+y^2)\cdot 2y=\frac{8xy}{(x^2+y^2)^3}.$$

例 9 求二元函数 $f(x,y)=\mathrm{e}^{2x}(x+y^2+2y)$ 的极值.

解

$$f'_x(x,y)=[\mathrm{e}^{2x}(x+y^2+2y)]'_x=\mathrm{e}^{2x}(1+2x+2y^2+4y)$$

$$f'_y(x,y)=[\mathrm{e}^{2x}(x+y^2+2y)]'_y=\mathrm{e}^{2x}(2y+2)$$

令 $\begin{cases}f'_x(x,y)=0,\\f'_y(x,y)=0,\end{cases}$

解方程可得驻点 $\left(\dfrac{1}{2},-1\right)$,并通过计算得

$$A=f''_{xx}\left(\frac{1}{2},-1\right)=4\mathrm{e}^{2x}(1+x+y^2+2y)\Big|_{\left(\frac{1}{2},-1\right)}=2\mathrm{e}$$

$$B=f''_{xy}\left(\frac{1}{2},-1\right)=4(y+1)\mathrm{e}^{2x}\Big|_{\left(\frac{1}{2},-1\right)}=0$$

$$C=f''_{yy}\left(\frac{1}{2},-1\right)=2\mathrm{e}^{2x}\Big|_{\left(\frac{1}{2},-1\right)}=2\mathrm{e}$$

因为 $B^2-AC=0-(2\mathrm{e})^2=-4\mathrm{e}^2<0, A=2\mathrm{e}>0$,

所以函数在点 $\left(\dfrac{1}{2},-1\right)$ 取得极小值,极小值为 $f\left(\dfrac{1}{2},-1\right)=-\dfrac{\mathrm{e}}{2}$.

例 10　计算$\iint\limits_D \frac{x^2}{y}\mathrm{d}x\mathrm{d}y$，其中 D 由直线 $y=2$，$y=x$ 和曲线 $xy=1$ 所围成.

解　画出区域 D 的图形如图 4.5 所示，求出边界曲线的交点坐标 $A\left(\frac{1}{2},2\right)$，$B(1,1)$，$C(2,2)$，选择先对 x 积分，这时 D 的表达式为

$$\begin{cases}1 \leqslant y \leqslant 2, \\ \frac{1}{y} \leqslant x \leqslant y,\end{cases}$$

于是

$$\iint\limits_D \frac{x^2}{y}\mathrm{d}x\mathrm{d}y = \int_1^2 \mathrm{d}y\int_{\frac{1}{y}}^{y} \frac{x^2}{y}\mathrm{d}x = \int_1^2 \frac{1}{y}\left(\frac{x^3}{3}\right)\Bigg|_{\frac{1}{y}}^{y}\mathrm{d}y$$

$$= \int_1^2 \frac{1}{3}\left(y^2-\frac{1}{y^4}\right)\mathrm{d}y = \frac{1}{3}\left(\frac{1}{3}y^3+\frac{1}{3}y^{-3}\right)\Bigg|_1^2 = \frac{49}{72}.$$

分析　本题也可先对 y 积分，后对 x 积分，但是，这时就必须用直线 $x=1$ 将 D 分成 D_1 和 D_2 两部分，如图 4.6 所示. 其中

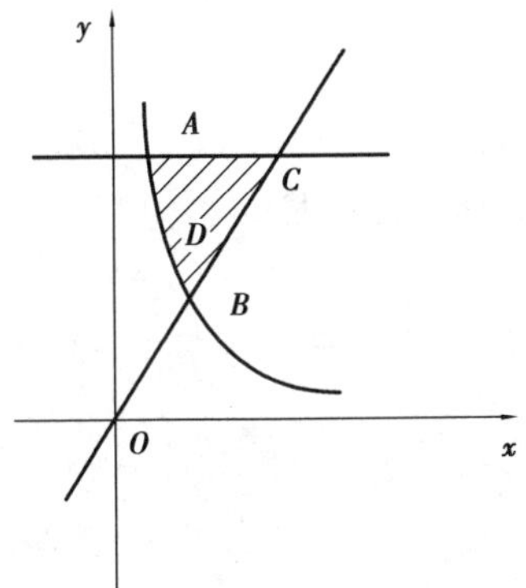

图 4.5

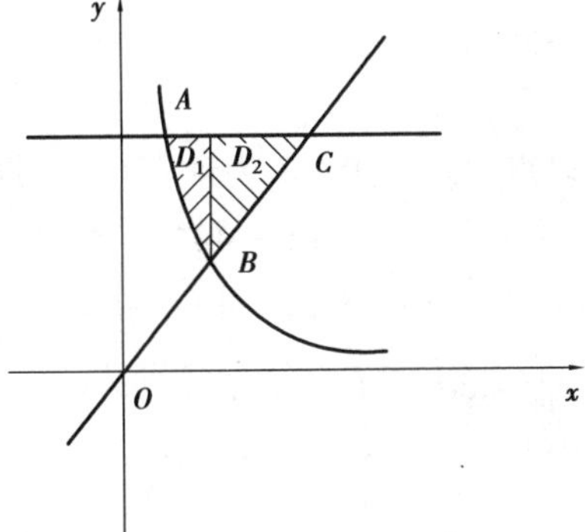

图 4.6

$$D_1\begin{cases}\frac{1}{2} \leqslant x \leqslant 1 \\ \frac{1}{x} \leqslant y \leqslant 2\end{cases},D_2\begin{cases}1 \leqslant x \leqslant 2 \\ x \leqslant y \leqslant 2\end{cases},$$

由此得

$$\iint\limits_D \frac{x^2}{y}\mathrm{d}x\mathrm{d}y = \iint\limits_{D_1} \frac{x^2}{y}\mathrm{d}x\mathrm{d}y + \iint\limits_{D_2} \frac{x^2}{y}\mathrm{d}x\mathrm{d}y$$

$$= \int_{\frac{1}{2}}^1 \mathrm{d}x\int_{\frac{1}{x}}^2 \frac{x^2}{y}\mathrm{d}y + \int_1^2 \mathrm{d}x\int_x^2 \frac{x^2}{y}\mathrm{d}y$$

$$= \int_{\frac{1}{2}}^1 x^2(\ln y)\Bigg|_{\frac{1}{x}}^2\mathrm{d}x + \int_1^2 x^2(\ln y)\Bigg|_x^2\mathrm{d}x$$

$$= \int_{\frac{1}{2}}^1 x^2(\ln 2+\ln x)\mathrm{d}x + \int_1^2 x^2(\ln 2-\ln x)\mathrm{d}x = \frac{49}{72}.$$

显然,先对 y 积分后对 x 积分要麻烦得多,所以恰当地选择积分次序是化二重积分为二次积分的关键步骤.

本章测试题及解答

本章测试题

1. 判断题

(　　)(1) 若点 $P(x,y,z)$ 在第 Ⅵ 卦限内,则 $x<0,y>0,z<0$.

(　　)(2) 方程 $z=0$ 表示 xOy 平面.

(　　)(3) 设函数 $z=x^2y$,则 $\mathrm{d}z=2\mathrm{d}x\mathrm{d}y$.

(　　)(4) 二阶混合偏导数在连续的条件下与求导的次序无关.

(　　)(5) 二重积分具有与一重积分(定积分) 相类似的性质.

2. 选择题

(1) 空间内的点 $M(-3,2,-1)$ 所在的卦限是(　　).

A. 五　　B. 六　　C. 七　　D. 八

(2) 以点 $P(-3,0,4)$ 为球心,且过原点 $O(0,0,0)$ 的球面方程是(　　).

A. $(x+3)^2+y^2+(z-4)^2=25$　　B. $(x-3)^2+y^2+(z+4)^2=25$

C. $(x-3)^2+y^2+(z-4)^2=25$　　D. $(x+3)^2+y^2+(z+4)^2=25$

(3) $\iint\limits_{x^2+y^2\leqslant 1} 6\mathrm{d}\sigma=($　　$)$.

A. 1　　B. 2π　　C. 6π　　D. 4π

(4) 二元函数 $z=\mathrm{e}^{xy}$ 在点 $P(2,1)$ 处的全微分是(　　).

A. $\mathrm{d}z=2\mathrm{e}^2\mathrm{d}x+\mathrm{e}^2\mathrm{d}y$　　B. $\mathrm{d}z=\mathrm{e}^2\mathrm{d}x+2\mathrm{e}^2\mathrm{d}y$

C. $\mathrm{d}z=2\mathrm{e}^2\mathrm{d}x-\mathrm{e}^2\mathrm{d}y$　　D. $\mathrm{d}z=\mathrm{e}^2\mathrm{d}x-2\mathrm{e}^2\mathrm{d}y$

(5) 二次积分 $\int_0^1\mathrm{d}x\int_0^{1-x}f(x,y)\mathrm{d}y$ 等于(　　).

A. $\int_0^1\mathrm{d}y\int_0^{1-y}f(x,y)\mathrm{d}x$　　B. $\int_0^1\mathrm{d}y\int_0^{1-x}f(x,y)\mathrm{d}x$

C. $\int_0^{1-x}\mathrm{d}x\int_0^1 f(x,y)\mathrm{d}y$　　D. $\int_0^1\mathrm{d}y\int_0^1 f(x,y)\mathrm{d}x$

3. 填空题

(1) 空间内的点 $M(1,-2,3)$ 到 Oz 坐标轴的距离是________.

(2) 设二元函数 $f(x,y)=\dfrac{2xy}{x^2+y^2}$,则 $f(1,xy)=$ ________.

(3) 函数 $z=\dfrac{\sqrt{x}}{\sqrt{1-x^2-y^2}}$ 的定义域为________.

(4) 极限 $\lim\limits_{(x,y)\to(0,2)}\dfrac{\sin(xy)}{x}=$ ________.

(5) 设二元函数 $f(x,y) = x^2y^2 - 2y$,则 $f_y'(0,0) =$ ________.

4. 解答题

(1) 设 $z = \ln(x + \sqrt{x^2 + y^2})$,求 $\left.\frac{\partial z}{\partial x}\right|_{\substack{x=1\\y=2}}$.

(2) 求二元函数 $z = e^{-\frac{x}{y}}$ 的全微分.

(3) 求二元函数 $z = f(x,y) = xy(a - x - y)$,$(a \neq 0)$ 的极值.

(4) 计算二重积分 $\iint\limits_D xy\mathrm{d}\sigma$,其中积分区域 D 为矩形区域 $0 \leqslant x \leqslant 2, 0 \leqslant y \leqslant 3$.

本章测试题解答

1. (1) 正确. (2) 正确.

(3) 错误. 因为 $\mathrm{d}z = \frac{\partial z}{\partial x}\mathrm{d}x + \frac{\partial z}{\partial y}\mathrm{d}y = 2xy\mathrm{d}x + x^2\mathrm{d}y$.

(4) 正确. 高阶混合偏导数在连续的条件下与求导的次序无关.

(5) 正确.

2. (1)B. 第六卦限是由 x 轴负轴,y 轴正轴和 z 轴负轴围成,因此 $M(-3,2,-1)$ 在第六卦限.

(2)A.

(3)C. $\iint\limits_{x^2+y^2\leqslant 1} 6\mathrm{d}\sigma = 6\iint\limits_{x^2+y^2\leqslant 1}\mathrm{d}\sigma = 6\pi$,常数 1 的积分在数量上等于积分区域的面积.

(4)B. 因为

$$\begin{aligned}\mathrm{d}z\big|_{(2,1)} &= \left.\frac{\partial z}{\partial x}\right|_{(2,1)}\mathrm{d}x + \left.\frac{\partial z}{\partial y}\right|_{(2,1)}\mathrm{d}y \\ &= (ye^{xy})\big|_{(2,1)}\mathrm{d}x + (xe^{xy})\big|_{(2,1)}\mathrm{d}y \\ &= e^2\mathrm{d}x + 2e^2\mathrm{d}y.\end{aligned}$$

(5)A. 积分区域如图 4.7 所示.

3. (1) $\sqrt{5}$. M 点到 z 轴的距离即为投射到 xOy 坐标平面的长方形对角线,利用勾股定理即得.

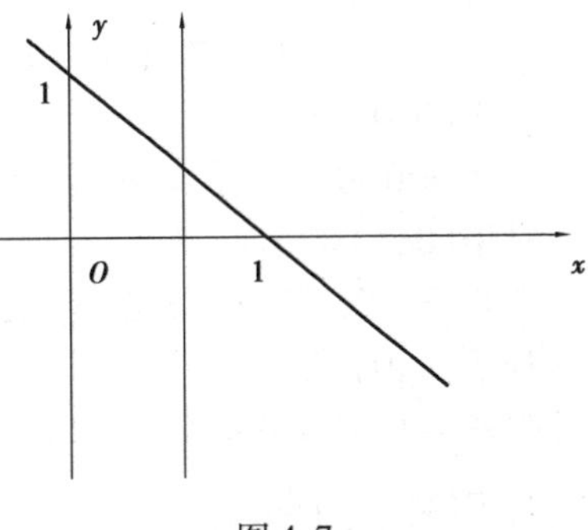

图 4.7

(2) $\frac{2xy}{1 + x^2y^2}$. 用 1 去替换 $f(x,y)$ 中的 x,用 xy 去替换 $f(x,y)$ 中的 y 即可得.

(3) $\{(x,y) \mid x \geqslant 0, 且\ x^2 + y^2 < 1\}$. 这是由定义域的要求 $\begin{cases}x \geqslant 0 \\ 1 - x^2 - y^2 > 0\end{cases}$ 所得.

(4)2. 因为 $\lim\limits_{(x,y)\to(0,2)}\frac{\sin(xy)}{x} = \lim\limits_{(x,y)\to(0,2)}\frac{\sin(xy)}{xy}\cdot y =$

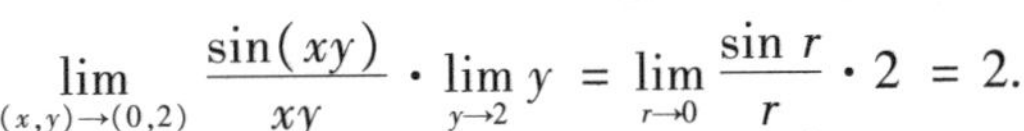

$\lim\limits_{(x,y)\to(0,2)}\frac{\sin(xy)}{xy}\cdot\lim\limits_{y\to 2}y = \lim\limits_{r\to 0}\frac{\sin r}{r}\cdot 2 = 2$.

(5) -2. 因为 $f_y'(x,y) = 2x^2y - 2$,所以有 $f_y'(0,0) = -2$.

4.（1）

$$\frac{\partial z}{\partial x}=[\ln(x+\sqrt{x^2+y^2})]'_x=\frac{1}{x+\sqrt{x^2+y^2}}(x+\sqrt{x^2+y^2})'_x$$

$$=\frac{1}{x+\sqrt{x^2+y^2}}[1+(\sqrt{x^2+y^2})'_x]$$

$$=\frac{1}{x+\sqrt{x^2+y^2}}\left[1+\frac{1}{2\sqrt{x^2+y^2}}\cdot 2x\right]$$

$$=\frac{1}{x+\sqrt{x^2+y^2}}\cdot\frac{x+\sqrt{x^2+y^2}}{\sqrt{x^2+y^2}}=\frac{1}{\sqrt{x^2+y^2}}.$$

$$\left.\frac{\partial z}{\partial x}\right|_{(1,2)}=\frac{1}{\sqrt{1^2+2^2}}=\frac{\sqrt{5}}{5}.$$

（2）因为，$\frac{\partial z}{\partial x}=e^{-\frac{x}{y}}\left(-\frac{1}{y}\right),\frac{\partial z}{\partial y}=e^{-\frac{x}{y}}\left(\frac{x}{y^2}\right)$，

所以，$dz=-\frac{1}{y}e^{-\frac{x}{y}}dx+\frac{x}{y^2}e^{-\frac{x}{y}}dy.$

（3）

① 先求一阶偏导数

$$f'_x(x,y)=y(a-x-y)-xy,\ f'_y(x,y)=x(a-x-y)-xy,$$

令$\begin{cases}y(a-x-y)-xy=0\\x(a-x-y)-xy=0\end{cases}$，得

$$\begin{cases}x=0\\y=0\end{cases}\text{或}\begin{cases}x=0\\y=a\end{cases}\text{或}\begin{cases}x=a\\y=0\end{cases}\text{或}\begin{cases}x=\frac{a}{3}\\y=\frac{a}{3}\end{cases},$$

即驻点为$(0,0),(0,a),(a,0),\left(\frac{a}{3},\frac{a}{3}\right)$.

② 求二阶偏导数

$f''_{x^2}(x,y)=-2y,\ f''_{xy}(x,y)=a-2x-2y,\ f''_{y^2}(x,y)=-2x$，

对于$(0,0)$点，

则$A=0,B=a,C=0,\Delta=B^2-AC=a^2>0$，无极值；

对于$(0,a)$点，

则$A=-2a,B=-a,C=0,\Delta=B^2-AC=a^2>0$，无极值；

对于$(a,0)$点，

则$A=0,B=-a,C=-2a,\Delta=B^2-AC=a^2>0$，无极值；

对于$\left(\frac{a}{3},\frac{a}{3}\right)$点，

则$A=-\frac{2}{3}a,B=-\frac{1}{3}a,C=-\frac{2}{3}a,\Delta=B^2-AC=-\frac{a^2}{3}<0$，

故在$\left(\frac{a}{3},\frac{a}{3}\right)$点处取得极值

$$f\left(\frac{a}{3},\frac{a}{3}\right)=\frac{1}{27}a^3,$$

且当 $a>0$ 时，$A<0$，则 $f\left(\frac{a}{3},\frac{a}{3}\right)=\frac{1}{27}a^3$ 是极大值；当 $a<0$ 时，$A>0$，则 $f\left(\frac{a}{3},\frac{a}{3}\right)=\frac{1}{27}a^3$ 是极小值.

（4）

$$\begin{aligned}\iint_D xy\mathrm{d}\sigma &= \int_0^3 \mathrm{d}y\int_0^2 xy\mathrm{d}x = \left(\int_0^2 x\mathrm{d}x\right)\cdot\left(\int_0^3 y\mathrm{d}y\right)\\ &= \left(\frac{1}{2}x^2\right)\Big|_0^2\cdot\left(\frac{1}{2}y^2\right)\Big|_0^3 = 9.\end{aligned}$$

第 5 章
无穷级数

本章归纳与总结

一、内容提要

本章主要介绍各类常数项级数的概念及其敛散性判定准则、函数项级数的基本概念、幂级数的基本概念、函数展开成幂级数的方法及应用、周期函数展开成傅里叶级数的方法等内容.

1. 常数项级数的相关概念

(1)常数项级数的定义.

对于数列 $u_1,u_2,\cdots,u_n,\cdots$(数列中所有项都是常数),将其构成的表达式

$$u_1+u_2+\cdots+u_n+\cdots$$

称为(**常数项**)**无穷级数**,简称(**常数项**)**级数**,记为 $\sum_{n=1}^{\infty}u_n$,即

$$\sum_{n=1}^{\infty}u_n=u_1+u_2+u_3+\cdots+u_n+\cdots,$$

其中第 n 项 u_n 称为级数的**一般项**或**通项**.

(2)常数项级数敛散性判定的基本准则.

①常数项级数的部分和数列.

记 $s_n=\sum_{i=1}^{n}u_i=u_1+u_2+\cdots+u_n$ 为级数 $\sum_{n=1}^{\infty}u_n$ 的部分和,当 n 依次取 1,2,3,$\cdots$ 时,它们构成一个新的数列 $\left\{s_n=\sum_{i=1}^{n}u_i\right\}$:

$$s_1=u_1,s_2=u_1+u_2,s_3=u_1+u_2+u_3,\cdots,$$
$$s_n=u_1+u_2+\cdots+u_n,\cdots.$$

②常数项级数敛散性的基本判定准则.

如果级数 $\sum_{n=1}^{\infty}u_n$ 的部分和数列 $\{s_n\}$ 存在极限 s,即

$$\lim_{n\to\infty} s_n = s,$$

则级数 $\sum_{n=1}^{\infty} u_n$ 收敛,这时极限 s 称为级数的和,即

$$s = \sum_{n=1}^{\infty} u_n = u_1 + u_2 + u_3 + \cdots + u_n + \cdots,$$

如果数列 $\{s_n\}$ 的极限不存在,则级数 $\sum_{n=1}^{\infty} u_n$ 发散.

③收敛级数的余项 r_n.

当级数 $\sum_{n=1}^{\infty} u_n$ 收敛于 s 时,称 s 与级数部分和 s_n 的差为级数的余项,记为 r_n,即

$$r_n = s - s_n = u_{n+1} + u_{n+2} + u_{n+3} + \cdots.$$

(3)常数项级数的基本性质.

性质1　若级数 $\sum_{n=1}^{\infty} u_n$ 与级数 $\sum_{n=1}^{\infty} v_n$ 收敛于 s_1 和 s_2,则级数 $\sum_{n=1}^{\infty} (u_n \pm v_n)$ 也收敛,其和为 $(s_1 \pm s_2)$.

性质2　如果级数 $\sum_{n=1}^{\infty} u_n$ 收敛于 s,k 为非零常数,则级数 $\sum_{n=1}^{\infty} ku_n$ 收敛于 ks,即

$$\sum_{n=1}^{\infty} ku_n = k\sum_{n=1}^{\infty} u_n = ks.$$

性质3　在级数 $\sum_{n=1}^{\infty} u_n$ 中增加、去掉或改变有限项,不改变该级数的敛散性.

性质4　在一个收敛级数中,任意添加括号后所得到的级数仍然收敛,且其和不变.

性质5(级数收敛的必要条件)　如果级数 $\sum_{n=1}^{\infty} u_n$ 收敛,则 $\lim\limits_{n\to\infty} u_n = 0$.

(4)常数项级数的敛散性判定.

①正项级数的敛散性判定.

由于正项级数的各项均非负($u_n \geqslant 0$),其部分和数列 $\{s_n\}$ 是单调递增数列($s_{n+1} = s_n + u_{n+1}$),所以正项级数收敛的充分必要条件是其部分和数列 $\{s_n\}$ 有界($\lim\limits_{n\to\infty} s_n$ 存在),若正项级数部分和数列 $\{s_n\}$ 无界($\lim\limits_{n\to\infty} s_n$ 不存在),则发散.

正项级数的比较审敛法:

对于两个正项级数 $\sum_{n=1}^{\infty} u_n$ 与级数 $\sum_{n=1}^{\infty} v_n$,已知 $u_n \leqslant v_n$,如果 $\sum_{n=1}^{\infty} v_n$ 收敛,则 $\sum_{n=1}^{\infty} u_n$ 也收敛;如果 $\sum_{n=1}^{\infty} u_n$ 发散,则 $\sum_{n=1}^{\infty} v_n$ 也发散.

正项级数的比值审敛法:

对于正项级数 $\sum_{n=1}^{\infty} u_n$,设 $\lim\limits_{n\to\infty} \dfrac{u_{n+1}}{u_n} = \rho$,则:

当 $\rho < 1$ 时,正项级数 $\sum_{n=1}^{\infty} u_n$ 收敛;

当 $\rho > 1$ 时,正项级数 $\sum_{n=1}^{\infty} u_n$ 发散;

当$\rho = 1$时,正项级数$\sum_{n=1}^{\infty} u_n$可能收敛,也可能发散.

②交错级数的敛散性判定.

若级数各项是正负交错的,则称此类级数为交错级数,交错级数的形式如下:

$$\sum_{n=1}^{\infty}(-1)^{n-1}u_n = u_1 - u_2 + u_3 - u_4 + \cdots + (-1)^{n-1}u_n + \cdots$$

或
$$\sum_{n=1}^{\infty}(-1)^{n}u_n = -u_1 + u_2 - u_3 + \cdots + (-1)^{n}u_n + \cdots,$$

其中$u_n > 0, n = 1,2,3,\cdots$.

交错级数的审敛法:

(**莱布尼茨准则**)若交错级数$\sum_{n=1}^{\infty}(-1)^{n-1}u_n$满足:$u_n \geqslant u_{n+1}(n = 1,2,3,\cdots)$,并且$\lim\limits_{n\to\infty}u_n = 0$,则交错级数$\sum_{n=1}^{\infty}(-1)^{n-1}u_n$收敛,显然其和$s \leqslant u_1$,其余项的绝对值$|r_n| \leqslant u_{n+1}$.

③一般常数项级数的敛散性判定.

一般常数项级数

$$\sum_{n=1}^{\infty}u_n = u_1 + u_2 + u_3 + \cdots + u_n + \cdots,$$

各项可以是正数、负数和零,将其各项取绝对值后生成一个正项级数

$$\sum_{n=1}^{\infty}|u_n| = |u_1| + |u_2| + |u_3| + \cdots + |u_n| + \cdots.$$

当$\sum_{n=1}^{\infty}|u_n|$收敛时,与之对应的一般常数项级数$\sum_{n=1}^{\infty}u_n$必定收敛.

一般常数项级数的绝对收敛与条件收敛.

如果一般常数项级数$\sum_{n=1}^{\infty}u_n$收敛,正项级数$\sum_{n=1}^{\infty}|u_n|$也收敛,则称一般常数项级数$\sum_{n=1}^{\infty}u_n$**绝对收敛**;

如果一般常数项级数$\sum_{n=1}^{\infty}u_n$收敛,正项级数$\sum_{n=1}^{\infty}|u_n|$发散,则称一般常数项级数$\sum_{n=1}^{\infty}u_n$**条件收敛**.

④三类常见常数项级数的敛散性.

等比级数(几何级数).

对于等比级数$\sum_{n=0}^{\infty}aq^n = a + aq + aq^2 + \cdots + aq^n + \cdots(a \neq 0, q$为级数公比),如果公比绝对值$|q| < 1$时,则级数收敛;如果公比绝对值$|q| \geqslant 1$时,则级数发散.

p-**级数**.

对于p-级数$\sum_{n=1}^{\infty}\frac{1}{n^p} = 1 + \frac{1}{2^p} + \frac{1}{3^p} + \cdots + \frac{1}{n^p} + \cdots$(常数$p > 0$),如果$p > 1$,则级数收敛;如果$p \leqslant 1$,则级数发散.

调和级数.

对于调和级数 $\sum_{n=1}^{\infty}\frac{1}{n}=1+\frac{1}{2}+\frac{1}{3}+\cdots+\frac{1}{n}+\cdots$，虽然级数的一般项 $u_n=\frac{1}{n}\to 0(n\to\infty)$，但是它是发散的.

注意　等比级数、p-级数的敛散性常被用于比较审敛法中.

2. 级数的相关概念

(1) 函数项级数.

把定义在区间 I 上的函数列

$$u_1(x),u_2(x),u_3(x),\cdots,u_n(x),\cdots$$

构成的无穷级数

$$\sum_{n=1}^{\infty}u_n(x)=u_1(x)+u_2(x)+u_3(x)+\cdots+u_n(x)+\cdots,$$

称为定义在区间 I 上的**函数项无穷级数**，简称(**函数项**)**级数**.

若函数项级数 $\sum_{n=1}^{\infty}u_n(x)$ 在点 x_0 处收敛，则称 x_0 为函数项级数的收敛点，函数项级数所有收敛点的全体构成级数的**收敛域**，所有发散点的全体构成级数的**发散域**.

函数项级数的和函数 $s(x)$ 等于其前 n 项的部分和 $s_n(x)$ 当 $n\to\infty$ 时的极限，即

$$s(x)=\lim_{n\to\infty}s_n(x)=u_1(x)+u_2(x)+\cdots+u_n(x)+\cdots.$$

当 x 在函数项级数的收敛域内时，级数的余项的极限等于零，即

$$\lim_{n\to\infty}r_n(x)=\lim_{n\to\infty}[s(x)-s_n(x)]=0.$$

(2) 幂级数及其敛散性.

对于幂级数

$$\sum_{n=0}^{\infty}a_n(x-x_0)^n=a_0+a_1(x-x_0)+a_2(x-x_0)^2+a_3(x-x_0)^3+\cdots+a_n(x-x_0)^n+\cdots,$$

当 $x_0=0$ 时，得到幂级数的最简形式如下：

$$\sum_{n=0}^{\infty}a_nx^n=a_0+a_1x+a_2x^2+a_3x^3+\cdots+a_nx^n+\cdots,$$

其中 $a_0,a_1,a_2,\cdots,a_n,\cdots$ 称为幂级数的系数.

注意　对于幂级数 $\sum_{n=0}^{\infty}a_nx^n$，应熟练掌握其收敛半径 R、收敛区间、收敛域的求解.

记 $\rho=\lim_{n\to\infty}\left|\frac{a_{n+1}}{a_n}\right|$，其中 a_n,a_{n+1} 是幂级数 $\sum_{n=0}^{\infty}a_nx^n$ 相邻两项的系数，则有以下结论：

①当 $\rho\neq 0$ 时，收敛半径 $R=\frac{1}{\rho}$，收敛区间为 $\left(-\frac{1}{\rho},\frac{1}{\rho}\right)$，收敛域为 $\left(-\frac{1}{\rho},\frac{1}{\rho}\right)$，$\left[-\frac{1}{\rho},\frac{1}{\rho}\right)$，$\left(-\frac{1}{\rho},\frac{1}{\rho}\right]$，$\left[-\frac{1}{\rho},\frac{1}{\rho}\right]$ 四个区间之一，区间端点处的敛散性另行讨论.

②当 $\rho=0$ 时，收敛半径 $R=+\infty$，收敛域为 $(-\infty,+\infty)$，幂级数在所有实数点处都收敛.

③当 $\rho=+\infty$ 时，收敛半径 $R=0$，幂级数仅在 $x=0$ 处收敛.

注意　对于非连续项幂级数，可以直接用比值审敛法$\lim\limits_{n\to\infty}\left|\dfrac{u_{n+1}(x)}{u_n(x)}\right|<1$求级数的收敛半径（如$\sum\limits_{n=0}^{\infty}a_nx^{2n}$缺少奇次项，$\sum\limits_{n=0}^{\infty}a_nx^{2n+1}$缺少偶次项）；对于$(x-x_0)$的幂级数的收敛域求法与上述方法类似，也可以用变量代换，令$x-x_0=t$，从而换成t的幂级数求收敛区域.

(3)幂级数的性质.

设幂函数$\sum\limits_{n=0}^{\infty}a_nx^n$收敛，其收敛半径为$R$.

性质1（连续性）　幂级数的和函数$s(x)$在收敛区间$(-R,R)$内是连续函数，即

$$\lim_{x\to x_0}s(x)=s(x_0)\ (x_0\in(-R,R)).$$

性质2（微分性）　幂级数的和函数$s(x)$在收敛区间$(-R,R)$内可导，并在$(-R,R)$内有逐项求导公式

$$s'(x)=\left(\sum_{n=0}^{\infty}a_nx^n\right)'=\sum_{n=0}^{\infty}(a_nx^n)'=\sum_{n=0}^{\infty}na_nx^{n-1},$$

逐项求导后所得的幂级数和原幂级数有相同的收敛半径.

性质3（积分性）　幂级数的和函数$s(x)$在收敛区间$(-R,R)$内可积分，并在$(-R,R)$内有逐项积分公式

$$\int_0^x s(x)=\int_0^x\left(\sum_{n=0}^{\infty}a_nx^n\right)\mathrm{d}x=\sum_{n=0}^{\infty}\left(\int_0^x a_nx^n\mathrm{d}x\right)=\sum_{n=0}^{\infty}\frac{a_n}{n+1}x^{n+1},$$

逐项积分后所得的幂级数和原幂级数有相同的收敛半径.

(4)直接展开法将函数展开成幂级数.

用直接展开法将函数$f(x)$展开成x的幂级数的步骤如下：

①求出$f(x)$的各阶导数$f'(x),f''(x),\cdots,f^{(n)}(x),\cdots$，如果在$x=0$处某阶导数不存在，则停止进行.

②求函数及其各阶导数在$x=0$处的值$f(0),f'(0),f''(0),\cdots,f^{(n)}(0),\cdots$.

③写出幂级数（**麦克劳林级数**）

$$f(0)+f'(0)x+\frac{f''(0)}{2!}x^2+\cdots+\frac{f^{(n)}(0)}{n!}x^n+\cdots,$$

并求出收敛区间.

④考察当x在收敛区间$(-R,R)$内时余项$R_n(x)$的极限

$$\lim_{n\to\infty}R_n(x)=\lim_{n\to\infty}\frac{f^{(n+1)}(\xi)}{(n+1)!}x^{n+1}\ (\xi\text{在}0\text{与}x\text{之间})$$

是否为零，如果为零，则函数$f(x)$在区间$(-R,R)$内的幂级数（**麦克劳林级数**）展开式为

$$f(x)=f(0)+f'(0)x+\frac{f''(0)}{2!}x^2+\cdots+\frac{f^{(n)}(0)}{n!}x^n+\cdots(-R<x<R).$$

(5)间接展开法将函数展开成幂级数.

利用已知的函数幂级数展开式和幂级数的运算性质（可逐项积分或逐项求导等）将函数展开成幂级数.

四个常用的函数展开式：

①$(1+x)^m=1+mx+\frac{m(m-1)}{2!}x^2+\cdots+\frac{m(m-1)\cdots(m-n+1)}{n!}x^n+\cdots(-1<x<1)$;

②$\sin x=x-\frac{x^3}{3!}+\frac{x^5}{5!}-\cdots+(-1)^{n-1}\frac{x^{2n-1}}{(2n-1)!}+\cdots(x\in\mathbf{R})$;

③$\cos x=1-\frac{x^2}{2!}+\frac{x^4}{4!}-\cdots+(-1)^n\frac{x^{2n}}{(2n)!}+\cdots(x\in\mathbf{R})$;

④$\mathrm{e}^x=1+x+\frac{x^2}{2!}+\cdots+\frac{x^n}{n!}+\cdots(x\in\mathbf{R})$.

(6)幂级数在近似计算中的应用.

将所要求的函数值$f(x_0)$对应的函数$f(x)$展开成幂级数,选取幂级数当$x=x_0$时对应的常数项级数的部分和作为这个函数值的近似值,误差用余项r_n估计,通过控制该常数项级数恰当的项数达到计算需要的精度.

3.傅里叶级数

在研究包含周期性函数(可进行周期延拓的函数)的对象时,傅里叶级数有着显著的作用.傅里叶级数被深度应用于数学、物理学和诸多工程学科中.

(1)三角级数.

将形如

$$\frac{a_0}{2}+\sum_{n=1}^{\infty}(a_n\cos nx+b_n\sin nx)$$

的级数称为三角级数,其中$a_0,a_n,b_n(n=1,2,3,\cdots)$都是常数.

(2)三角函数系的正交性.

将三角函数系

$$1,\cos x,\sin x,\cos 2x,\sin 2x,\cdots,\cos nx,\sin nx,\cdots$$

中任何不同的两个函数的乘积在区间$[-\pi,\pi]$上的积分等于零,这一性质称为**三角函数系的正交性**,即

$$\int_{-\pi}^{\pi}1\cdot\cos nx\mathrm{d}x=0(n=1,2,3,\cdots),$$

$$\int_{-\pi}^{\pi}1\cdot\sin nx\mathrm{d}x=0(n=1,2,3,\cdots),$$

$$\int_{-\pi}^{\pi}\sin kx\cos nx\mathrm{d}x=0(k,n=1,2,3,\cdots),$$

$$\int_{-\pi}^{\pi}\cos kx\cos nx\mathrm{d}x=0(k,n=1,2,3,\cdots),$$

$$\int_{-\pi}^{\pi}\sin kx\sin nx\mathrm{d}x=0(k,n=1,2,3,\cdots).$$

三角函数系中两个相同函数的乘积在区间$[-\pi,\pi]$上的积分不等于零,即

$$\int_{-\pi}^{\pi}1^2\mathrm{d}x=2\pi,$$

$$\int_{-\pi}^{\pi}\sin^2 nx\mathrm{d}x=\pi(n=1,2,3,\cdots),$$

$$\int_{-\pi}^{\pi}\cos^2 nx\mathrm{d}x=\pi(n=1,2,3,\cdots).$$

(3)周期为 2π 的周期函数的傅里叶级数.

傅里叶系数 $a_0,a_1,b_1,a_2,b_2,\cdots$ 的计算公式如下：

$$a_0 = \frac{1}{\pi}\int_{-\pi}^{\pi} f(x)\,dx,$$

$$a_n = \frac{1}{\pi}\int_{-\pi}^{\pi} f(x)\cos nx\,dx\ (n = 1,2,3,\cdots),$$

$$b_n = \frac{1}{\pi}\int_{-\pi}^{\pi} f(x)\sin nx\,dx\ (n = 1,2,3,\cdots),$$

将傅里叶系数代入三角级数中，所得的三角级数

$$\frac{a_0}{2} + \sum_{n=1}^{\infty}(a_n \cos nx + b_n \sin nx)$$

称为函数 $f(x)$ 的傅里叶级数.

周期为 2π 的函数 $f(x)$ 必定能展开成傅里叶级数，下面的定理给出了展开后所得的傅里叶级数收敛的充分条件.

收敛定理(狄利克雷充分条件) 设函数 $f(x)$ 是周期为 2π 的周期函数，如果 $f(x)$ 满足：

①在一个周期内连续或只有有限个第一类间断点；

②在一个周期内至多只有有限个极值点.

则 $f(x)$ 的傅里叶级数收敛，并且当 x 是 $f(x)$ 的连续点时，级数收敛于 $f(x)$；当 x 是 $f(x)$ 的间断点时，级数收敛于

$$\frac{1}{2}[f(x+0)+f(x-0)]\left(\frac{1}{2}[f(x^+)+f(x^-)]\right).$$

由收敛定理可知，以 2π 为周期的周期函数 $f(x)$ 在满足相应条件时，函数的傅里叶级数在连续点处就收敛于该点的函数值，在间断点处收敛于该点左极限和右极限的算术平均数.

(4)正弦级数和余弦级数.

当以 2π 为周期的周期函数 $f(x)$ 具有奇偶性时，展开的傅里叶级数中将只含有正弦项或常数项和余弦项.

①奇函数的傅里叶级数是只含有正弦项的正弦级数.

$$\sum_{n=1}^{\infty} b_n \sin nx,$$

其中的傅里叶系数

$$a_n = 0\ (n = 0,1,2,\cdots),$$

$$b_n = \frac{2}{\pi}\int_{0}^{\pi} f(x)\sin nx\,dx\ (n = 1,2,3,\cdots).$$

②偶函数的傅里叶级数是只含有常数项和余弦项的余弦级数.

$$\frac{a_0}{2} + \sum_{n=1}^{\infty} a_n \cos nx\ (n = 1,2,3,\cdots),$$

其中的傅里叶系数

$$a_n = \frac{2}{\pi}\int_{0}^{\pi} f(x)\cos nx\,dx\ (n = 0,1,2,\cdots),$$

$$b_n = 0\ (n = 1,2,3,\cdots).$$

（5）周期为 $2l$ 的周期函数的傅里叶级数.

对于以 $2l$ 为周期的函数 $f(x)$，引入变量 $z=\frac{\pi x}{l}$，设 $f(x)=f\left(\frac{lz}{\pi}\right)=F(z)$，则 $F(z)$ 是周期为 2π 的周期函数，并且满足收敛定理的条件，$F(z)$ 的傅里叶展开式为：

$$F(z)=\frac{a_0}{2}+\sum_{n=1}^{\infty}(a_n\cos nz+b_n\sin$$

其中的傅里叶系数

$$a_n=\frac{1}{\pi}\int_{-\pi}^{\pi}F(z)\cos nz\mathrm{d}z(n=0,1$$

$$b_n=\frac{1}{\pi}\int_{-\pi}^{\pi}F(z)\sin nz\mathrm{d}z(n=1,2$$

将 $z=\frac{\pi x}{l}$ 代入 $F(z)$ 的傅里叶展开式，即得以 $2l$ 为周期的函数 $f(x)$ 的傅里叶展开式（注意到 $f(x)=F(z)$）

$$f(x)=\frac{a_0}{2}+\sum_{n=1}^{\infty}\left(a_n\cos\frac{n\pi x}{l}+b_n\sin\frac{n\pi x}{l}\right),$$

其中的傅里叶系数

$$a_n=\frac{1}{l}\int_{-l}^{l}f(x)\cos\frac{n\pi x}{l}\mathrm{d}x(n=0,1,2,\cdots),$$

$$b_n=\frac{1}{l}\int_{-l}^{l}f(x)\sin\frac{n\pi x}{l}\mathrm{d}x(n=1,2,3,\cdots).$$

注意　①$f(x)$ 为奇函数时，其傅里叶展开式是正弦级数.

$$f(x)=\sum_{n=1}^{\infty}b_n\sin\frac{n\pi x}{l},$$

其中　$b_n=\frac{2}{l}\int_{0}^{l}f(x)\sin\frac{n\pi x}{l}\mathrm{d}x(n=1,2,3,\cdots).$

②$f(x)$ 为偶函数时，其傅里叶展开式是余弦级数.

$$f(x)=\frac{a_0}{2}+\sum_{n=1}^{\infty}a_n\cos\frac{n\pi x}{l},$$

其中　$a_n=\frac{2}{l}\int_{0}^{l}f(x)\cos\frac{n\pi x}{l}\mathrm{d}x(n=0,1,2,\cdots).$

二、重点与难点

1. 常数项级数收敛、发散及其收敛级数和的概念.
2. 常数项级数的基本性质及收敛的必要条件，以及各类常数项级数的审敛方法.
3. 函数项级数收敛半径、收敛区间、收敛域的求解方法.
4. 将函数展开成麦克劳林级数，幂级数在近似计算中的应用.
5. 三角级数及三角函数系的正交性，周期函数展开成傅里叶级数.

典型例题解析

例1 判定常数项级数 $\sum\limits_{n=1}^{\infty} \dfrac{3}{(n+1)(n+2)(n+3)}$ 的敛散性.

解 因为 $\dfrac{3}{(n+1)(n+2)(n+3)} < \dfrac{3}{n^3}$,已知 p- 级数 $\sum\limits_{n=1}^{\infty} \dfrac{1}{n^3}(p = 3 > 1)$ 收敛,故级数 $\sum\limits_{n=1}^{\infty} \dfrac{3}{n^3} = 3\sum\limits_{n=1}^{\infty} \dfrac{1}{n^3}$ 收敛,所以原级数 $\sum\limits_{n=1}^{\infty} \dfrac{3}{(n+1)(n+2)(n+3)}$ 收敛.

注意 本题利用敛散性已知的 p- 级数,通过正项级数的比较审敛法判定所给级数的敛散性.

例2 判定级数 $\sum\limits_{n=1}^{\infty} \dfrac{n!}{(n+1)(n+2)\cdots(n+n)}$ 的敛散性.

解 因为 $\lim\limits_{n\to\infty} \dfrac{u_{n+1}}{u_n} = \lim\limits_{n\to\infty} \dfrac{(n+1)(n+1)}{(2n+1)(2n+2)} = \dfrac{1}{4} < 1$,故所给级数收敛.

注意 本题通过正项级数的比值审敛法,由 $\lim\limits_{n\to\infty} \dfrac{u_{n+1}}{u_n} < 1$ 是否成立判定所给级数的敛散性.

例3 判定级数 $\sum\limits_{n=1}^{\infty} \left(\dfrac{n}{2n+1}\right)^n$ 的敛散性.

解 因为 $\dfrac{n}{2n+1} < \dfrac{n}{2n} = \dfrac{1}{2}$,故 $\left(\dfrac{n}{2n+1}\right)^n < \left(\dfrac{1}{2}\right)^n$,已知几何级数 $\sum\limits_{n=1}^{\infty} \left(\dfrac{1}{2}\right)^n$ 是收敛的,所以由正项级数的比较审敛法可知级数 $\sum\limits_{n=1}^{\infty} \left(\dfrac{n}{2n+1}\right)^n$ 是收敛的.

注意 本题利用敛散性已知的几何级数 $\sum\limits_{n=0}^{\infty} aq^n$,通过正项级数的比较审敛法判定所给级数的敛散性.

例4 判定级数 $\sum\limits_{n=1}^{\infty} \dfrac{4+(-1)^n}{3^n}$ 的敛散性,并求级数的和 s.

解 级数 $\sum\limits_{n=1}^{\infty} \dfrac{4+(-1)^n}{3^n} = \sum\limits_{n=1}^{\infty} \left[\dfrac{4}{3^n} + \dfrac{(-1)^n}{3^n}\right]$ 可分解为两个级数: $\sum\limits_{n=1}^{\infty} \dfrac{4}{3^n}$ 和 $\sum\limits_{n=1}^{\infty} \dfrac{(-1)^n}{3^n}$,其中几何级数 $\sum\limits_{n=1}^{\infty} \dfrac{4}{3^n} = 4\sum\limits_{n=1}^{\infty} \dfrac{1}{3^n}$ 收敛,其和为 $s_1 = 4 \times \dfrac{\frac{1}{3}}{1-\frac{1}{3}} = 2$,几何级数 $\sum\limits_{n=1}^{\infty} \dfrac{(-1)^n}{3^n}$ 收敛,其和为 $s_2 = \dfrac{-\frac{1}{3}}{1+\frac{1}{3}} = -\dfrac{1}{4}$,所以原级数 $\sum\limits_{n=1}^{\infty} \dfrac{4+(-1)^n}{3^n}$ 收敛,其和为 $s = s_1 + s_2 = 2 - \dfrac{1}{4} = \dfrac{7}{4}$.

注意 本题的求解运用了"若两个级数分别收敛于 s_1 和 s_2，则这两个级数相加而成的级数必收敛于 s_1+s_2"这一常数项级数的基本性质.

例5 判定级数 $\sum\limits_{n=1}^{\infty}(-1)^{n+1}\dfrac{k^n}{n+1}$（$k$ 为常数，且 $k\neq 0$）是绝对收敛，还是条件收敛，或者发散.

解 因为 $\lim\limits_{n\to\infty}\dfrac{u_{n+1}}{u_n}=\lim\limits_{n\to\infty}\dfrac{\dfrac{k^{n+1}}{n+2}}{\dfrac{k^n}{n+1}}=\lim\limits_{n\to\infty}\dfrac{k^{n+1}}{n+2}\cdot\dfrac{n+1}{k^n}=k$，

当 $k<1$ 时，级数 $\sum\limits_{n=1}^{\infty}(-1)^{n+1}\dfrac{k^n}{n+1}$ 绝对收敛；

当 $k>1$ 时，级数 $\sum\limits_{n=1}^{\infty}(-1)^{n+1}\dfrac{k^n}{n+1}$ 发散；

当 $k=1$ 时，级数 $\sum\limits_{n=1}^{\infty}(-1)^{n+1}\dfrac{1}{n+1}$ 收敛（满足交错级数收敛的条件：$u_n\geqslant u_{n+1}$，并且 $\lim\limits_{n\to\infty}u_n=0$），而级数 $\sum\limits_{n=1}^{\infty}\left|(-1)^{n+1}\dfrac{1}{n+1}\right|=\sum\limits_{n=1}^{\infty}\dfrac{1}{n+1}$ 发散，故 $k=1$ 时，级数 $\sum\limits_{n=1}^{\infty}(-1)^{n+1}\dfrac{1}{n+1}$ 条件收敛.

例6 求幂级数 $\sum\limits_{n=0}^{\infty}\dfrac{x^{2n}}{4^n}$ 的收敛域.

解 方法1 该幂级数不是幂级数的标准形式，缺少奇次项，不能直接求收敛半径.

令 $t=x^2$，则 $\sum\limits_{n=0}^{\infty}\dfrac{x^{2n}}{4^n}=\sum\limits_{n=0}^{\infty}\dfrac{t^n}{4^n}$，幂级数 $\sum\limits_{n=0}^{\infty}\dfrac{t^n}{4^n}$ 的收敛半径为 $R=\lim\limits_{n\to\infty}\left|\dfrac{a_n}{a_{n+1}}\right|=\lim\limits_{n\to\infty}\dfrac{4^{n+1}}{4^n}=4$，即 $-4<t=x^2<4$ 时，幂级数 $\sum\limits_{n=0}^{\infty}\dfrac{t^n}{4^n}$ 收敛，故 $-2<x<2$ 时，原级数 $\sum\limits_{n=0}^{\infty}\dfrac{x^{2n}}{4^n}$ 收敛，易知 $x=\pm 2$ 时，级数 $\sum\limits_{n=0}^{\infty}\dfrac{x^{2n}}{4^n}$ 发散.

因此，原级数 $\sum\limits_{n=0}^{\infty}\dfrac{x^{2n}}{4^n}$ 的收敛域为 $(-2,2)$.

方法2 运用比值审敛法.

由 $\lim\limits_{n\to\infty}\left|\dfrac{u_{n+1}}{u_n}\right|=\lim\limits_{n\to\infty}\dfrac{x^{2(n+1)}}{4^{n+1}}\cdot\dfrac{4^n}{x^{2n}}=\dfrac{x^2}{4}$ 可知，当 $\dfrac{x^2}{4}<1$，即 $-2<x<2$ 时，级数 $\sum\limits_{n=0}^{\infty}\dfrac{x^{2n}}{4^n}$ 收敛，易知 $x=\pm 2$ 时，级数 $\sum\limits_{n=0}^{\infty}\dfrac{x^{2n}}{4^n}$ 发散.

因此，原级数 $\sum\limits_{n=0}^{\infty}\dfrac{x^{2n}}{4^n}$ 的收敛域为 $(-2,2)$.

例7 求幂级数 $\sum\limits_{n=0}^{\infty}\dfrac{(x+2)^n}{\sqrt{n+5}}$ 的收敛域.

解 令 $t=x+2$，则级数 $\sum\limits_{n=0}^{\infty}\dfrac{(x+2)^n}{\sqrt{n+5}}=\sum\limits_{n=0}^{\infty}\dfrac{t^n}{\sqrt{n+5}}$，幂级数 $\sum\limits_{n=0}^{\infty}\dfrac{t^n}{\sqrt{n+5}}$ 的收敛半径为：

$$R = \lim_{n\to\infty}\left|\frac{a_n}{a_{n+1}}\right| = \lim_{n\to\infty}\frac{\sqrt{n+5}}{\sqrt{n+6}} = 1,$$

即当 $-1 < t = x+2 < 1$ 时,幂级数 $\sum\limits_{n=0}^{\infty}\frac{t^n}{\sqrt{n+5}}$ 收敛.

故当 $-3 < x < -1$ 时,原级数 $\sum\limits_{n=0}^{\infty}\frac{(x+2)^n}{\sqrt{n+5}}$ 收敛,易知 $x=-3$ 和 $x=-1$ 时,级数发散.

因此,原级数 $\sum\limits_{n=0}^{\infty}\frac{(x+2)^n}{\sqrt{n+5}}$ 的收敛域是 $(-3,-1)$.

例 8 求幂级数 $\sum\limits_{n=1}^{\infty}(-1)^{n-1}\frac{x^n}{n}$ 的和函数及其收敛域.

解 级数的收敛半径为:

$$R = \lim_{n\to\infty}\left|\frac{a_n}{a_{n+1}}\right| = \lim_{n\to\infty}\frac{n+1}{n} = 1,$$

当 $-1 < x < 1$ 时,级数 $\sum\limits_{n=1}^{\infty}(-1)^{n-1}\frac{x^n}{n}$ 收敛,当 $x=-1$ 时,级数 $\sum\limits_{n=1}^{\infty}(-1)^{n-1}\frac{x^n}{n} = \sum\limits_{n=1}^{\infty}\frac{(-1)^{2n-1}}{n} = -1-\frac{1}{2}-\frac{1}{3}-\cdots-\frac{1}{n}-\cdots$(发散),当 $x=1$ 时,级数 $\sum\limits_{n=1}^{\infty}(-1)^{n-1}\frac{x^n}{n} = \sum\limits_{n=1}^{\infty}\frac{(-1)^{n-1}}{n} = 1-\frac{1}{2}+\frac{1}{3}-\frac{1}{4}+\cdots$ 是交错级数,由**莱布尼茨准则**可知级数收敛.

因此,级数 $\sum\limits_{n=1}^{\infty}(-1)^{n-1}\frac{x^n}{n}$ 的收敛域是 $(-1,1]$.

设该级数的和函数为 $s(x) = \sum\limits_{n=1}^{\infty}(-1)^{n-1}\frac{x^n}{n}$,由幂级数的和函数在其收敛区间内的逐项可导性可得

$$s'(x) = \left[\sum_{n=1}^{\infty}(-1)^{n-1}\frac{x^n}{n}\right]' = \sum_{n=1}^{\infty}\left[(-1)^{n-1}\frac{x^n}{n}\right]' = \sum_{n=1}^{\infty}(-1)^{n-1}x^{n-1} = \frac{1}{1+x},$$

对上式两边取积分,得

$$s(x) = \int_0^x s'(x)\mathrm{d}x = \int_0^x\frac{1}{1+x}\mathrm{d}x = \ln(1+x)\,(x\in(-1,1]),$$

即
$$\sum_{n=1}^{\infty}(-1)^{n-1}\frac{x^n}{n} = \ln(1+x)\,(x\in(-1,1]).$$

例 9 将函数 $f(x) = \sin x$ 展开成 x 的幂级数.

解 $f'(x) = \cos x = \sin\left(x+\frac{\pi}{2}\right)$, $f''(x) = -\sin x = \sin(x+\pi)$, $f'''(x) = -\cos x = \sin\left(x+\frac{3\pi}{2}\right),\cdots, f^{(n)}(x) = \sin\left(x+\frac{n\pi}{2}\right),\cdots$.

$f(0), f'(0), f''(0), f'''(0),\cdots, f^{(n)}(0),\cdots$ 依次循环取 $0,1,0,-1,\cdots$,于是得级数

$$x-\frac{1}{3!}x^3+\frac{1}{5!}x^5-\cdots+(-1)^n\frac{1}{(2n+1)!}x^{2n+1}+\cdots,$$

该级数的收敛区间为$(-\infty,+\infty)$.

对于任何有限的数 x 和 ξ(x 在 0 与 ξ 之间),余项绝对值为

$$|R_n(x)|=\left|\frac{f^{(n+1)}(\xi)}{(n+1)!}x^{n+1}\right|=\left|\frac{\sin\left[\xi+\frac{(n+1)\pi}{2}\right]}{(n+1)!}x^{n+1}\right|\leqslant\frac{1}{(n+1)!}|x|^{n+1},$$

显然$\frac{1}{(n+1)!}|x|^{n+1}$是收敛级数$\sum\limits_{n=0}^{\infty}\frac{1}{(n+1)!}|x|^{n+1}$的一般项,故

$$\lim_{n\to\infty}\frac{1}{(n+1)!}|x|^{n+1}=0,$$

从而$\lim\limits_{n\to\infty}R_n(x)=0$,因此得展开式

$$\sin x=x-\frac{1}{3!}x^3+\frac{1}{5!}x^5-\cdots+(-1)^n\frac{1}{(2n+1)!}x^{2n+1}+\cdots(x\in\mathbf{R}).$$

例 10　将函数$f(x)=\frac{1}{x(x+3)}$展开成 $x-2$ 的幂级数.

解　$f(x)=\frac{1}{x(x+3)}=\frac{1}{3}\left[\frac{1}{2}\cdot\frac{1}{1+\frac{x-2}{2}}-\frac{1}{5}\cdot\frac{1}{1+\frac{x-2}{5}}\right],$

又　$\frac{1}{1+x}=\sum\limits_{n=0}^{\infty}(-1)^nx^n(x\in(-1,1)),$

则　$\frac{1}{1+\frac{x-2}{2}}=\sum\limits_{n=0}^{\infty}(-1)^n\left(\frac{x-2}{2}\right)^n=\sum\limits_{n=0}^{\infty}(-1)^n\frac{1}{2^n}(x-2)^n\left(\left|\frac{x-2}{2}\right|<1\right),$

$$\frac{1}{1+\frac{x-2}{5}}=\sum_{n=0}^{\infty}(-1)^n\left(\frac{x-2}{5}\right)^n=\sum_{n=0}^{\infty}(-1)^n\frac{1}{5^n}(x-2)^n\left(\left|\frac{x-2}{5}\right|<1\right),$$

因此$\frac{1}{x(x+3)}=\frac{1}{3}\left|\frac{1}{2}\sum\limits_{n=0}^{\infty}(-1)^n\frac{1}{2^n}(x-2)^n-\frac{1}{5}\sum\limits_{n=0}^{\infty}(-1)^n\frac{1}{5^n}(x-2)^n\right|(|x-2|<2).$

注意　将函数展开成 $x-x_0$ 的幂级数,一般运用间接展开法,先将函数分解成最简分式的和,再将每个最简分式写成 $x-x_0$ 的函数,然后利用常用展开式$\frac{1}{1+x}=\sum\limits_{n=0}^{\infty}(-1)^nx^n$和$\frac{1}{1-x}=\sum\limits_{n=0}^{\infty}x^n$,即可得所给函数的展开式.

例 11　利用函数$\frac{1}{1+x^4}$的幂级数展开式计算$\int_0^{\frac{1}{2}}\frac{1}{1+x^4}\mathrm{d}x$的近似值,精确到$10^{-4}$.

解　$\frac{1}{1+x^4}=\sum\limits_{n=0}^{\infty}(-1)^nx^{4n},$

将上式两端在$\left[0,\frac{1}{2}\right]$上积分,得

$$\int_0^{\frac{1}{2}}\frac{1}{1+x^4}\mathrm{d}x=\sum_{n=0}^{\infty}(-1)^n\int_0^{\frac{1}{2}}x^{4n}\mathrm{d}x=\sum_{n=0}^{\infty}(-1)^n\frac{1}{4n+1}\cdot\frac{1}{2^{4n+1}}$$

$$\approx\frac{1}{2}-\frac{1}{5\cdot2^5}+\frac{1}{9\cdot2^9}-\cdots+(-1)^n\frac{1}{(4n+1)2^{4n+1}},$$

由交错级数的**莱布尼茨准则**可知,误差

$$|r_{n+1}| \leqslant u_{n+1} = \frac{1}{(4n+5)2^{4n+5}},$$

当 $n=2$ 时,有 $|r_3| \leqslant \frac{1}{13 \cdot 2^{13}} < 10^{-4}$,

因此,$\int_0^{\frac{1}{2}} \frac{1}{1+x^4}\mathrm{d}x \approx \frac{1}{2} - \frac{1}{5 \cdot 2^5} + \frac{1}{9 \cdot 2^9} \approx 0.494\ 0.$

例 12 将函数 $f(x)=x$ 在给定区间 $x \in (-\pi,\pi)$ 内展开为傅里叶级数.

解 函数 $f(x)=x$ 在 $x \in (-\pi,\pi)$ 内满足收敛定理的条件,对函数进行周期延拓,使其延拓成周期为 2π 的周期函数.

计算傅里叶系数如下:

$a_n = 0(n=0,1,2,\cdots)$,

$$b_n = \frac{1}{\pi}\int_{-\pi}^{\pi} x\sin nx\mathrm{d}x = -\frac{1}{n\pi}\int_{-\pi}^{\pi} x\mathrm{d}(\cos nx) = (-1)^{n+1}\frac{2}{n}(n=1,2,3,\cdots),$$

展开成的傅里叶级数为:$f(x) = 2\sum_{n=1}^{\infty}(-1)^{n+1}\frac{\sin nx}{n}(x \in (-\pi,\pi))$.

注意 函数 $f(x)=x$ 在 $x \in (-\pi,\pi)$ 时为奇函数,故展开成正弦级数,系数 b_n 的计算运用了分部积分法.

例 13 求函数 $f(x)=|\cos x|$ 的傅里叶级数展开式.

解 函数 $f(x)=|\cos x|$ 是周期为 π 的偶函数$\left(l=\frac{\pi}{2}\right)$,其傅里叶展开式为余弦级数,计算其傅里叶系数可得:

$$a_0 = \frac{2}{\pi}\int_{-\frac{\pi}{2}}^{\frac{\pi}{2}} |\cos x|\mathrm{d}x = \frac{4}{\pi}\int_0^{\frac{\pi}{2}} \cos x\mathrm{d}x = \frac{4}{\pi},$$

$$a_n = \frac{2}{\pi}\int_{-\frac{\pi}{2}}^{\frac{\pi}{2}} |\cos x|\cos 2nx\mathrm{d}x = \frac{4}{\pi}\int_0^{\frac{\pi}{2}} \cos x\cos 2nx\mathrm{d}x = (-1)^{n+1}\frac{4}{\pi(4n^2-1)}(n=1,2,3,\cdots),$$

$$b_n = \frac{2}{\pi}\int_{-\frac{\pi}{2}}^{\frac{\pi}{2}} |\cos x|\sin 2nx\mathrm{d}x = 0(n=1,2,3,\cdots),$$

将所得系数代入周期为 $2l$ 的周期函数的傅里叶展开式可得 $f(x)$ 的傅里叶展开式为:

$$f(x) = |\cos x| = \frac{2}{\pi} + \frac{4}{\pi}\sum_{n=1}^{\infty}(-1)^{n+1}\frac{1}{4n^2-1}\cos 2nx(x \in (-\infty,\infty)).$$

本章测试题及解答

本章测试题

1. 判断题

(　　)(1) 如果级数 $\sum_{n=1}^{\infty} u_n$ 收敛,则 $\lim_{n\to\infty} u_n = 0$.

(　　)(2) 如果 $\sum_{n=1}^{\infty} u_n$ 发散，$\sum_{n=1}^{\infty} v_n$ 收敛，则 $\sum_{n=1}^{\infty} (u_n + v_n)$ 收敛.

(　　)(3) 级数收敛的充分必要条件是其部分和数列 $\{s_n\}$ 有界.

(　　)(4) 交错级数 $\sum_{n=1}^{\infty} (-1)^{n-1} u_n$ 收敛，其和 $s \geqslant u_1$.

(　　)(5) 如果幂级数 $\sum_{n=0}^{\infty} a_n x^n$ 收敛，则其收敛半径为 $R = \lim_{n\to\infty} \left|\frac{a_{n+1}}{a_n}\right|$.

2. 选择题

(1) 下列级数中哪一个是正项级数(　　).

A. $\sum_{n=0}^{\infty} \cos n\pi$　　B. $\sum_{n=0}^{\infty} \sqrt{n}$　　C. $\sum_{n=0}^{\infty} (-1)^{2n+1} n^2$　　D. $\sum_{n=0}^{\infty} (-1)^n \frac{1}{n}$

(2) 如果 $\sum_{n=1}^{\infty} (u_n + v_n)$ 收敛，则 $\sum_{n=1}^{\infty} u_n$ 和 $\sum_{n=1}^{\infty} v_n$(　　).

A. 不可能都收敛　　B. 必定都收敛

C. 可能都发散　　D. 可能一个收敛，另一个发散

(3) $\sum_{n=1}^{\infty} u_n$ 是一般常数项级数，如果 $|u_n| > |u_{n+1}|$，则 $\sum_{n=1}^{\infty} u_n$(　　).

A. 条件收敛　　B. 绝对收敛　　C. 发散　　D. 敛散性不确定

(4) 已知级数 $\sum_{n=1}^{\infty} u_n$ 的前 n 项和 $s_n = \sum_{k=1}^{n} u_k$，则下列结论正确的是(　　).

A. $\sum_{n=1}^{\infty} u_n$ 收敛是 s_n 有界的充分必要条件

B. 若 $\sum_{n=1}^{\infty} u_n$ 收敛，则 s_n 有界

C. 若 $\sum_{n=1}^{\infty} u_n$ 收敛，则 s_n 为单调有界数列

D. 若 s_n 有界，则 $\sum_{n=1}^{\infty} u_n$ 收敛

(5) $\lim_{n\to\infty} u_n = 0$ 是级数 $\sum_{n=1}^{\infty} u_n$ 收敛的(　　).

A. 充分条件　　B. 充分必要条件　　C. 必要条件　　D. 无关条件

(6) $\sum_{n=1}^{\infty} u_n$ 为正项级数，若 $\lim_{n\to\infty} \frac{u_{n+1}}{u_n} < p$，则(　　).

A. 当 $0 < p < \infty$ 时，级数收敛

B. 当 $p < 1$ 时，级数收敛；当 $p \geqslant 1$ 时，级数发散

C. 当 $p \leqslant 1$ 时，级数收敛；当 $p > 1$ 时，级数发散

D. 当 $p < 1$ 时，级数收敛；当 $p > 1$ 时，级数发散

(7) 幂级数 $\sum_{n=1}^{\infty} (-1)^n \frac{x^n}{n+1}$ 收敛半径是(　　).

A. -1　　B. -2　　C. 1　　D. 2

(8)幂级数 $\sum_{n=1}^{\infty} nx^{n-1}$ 的收敛域是(　　).

A. $x \in (-1,1)$　　B. $x \in [-1,1)$　　C. $x \in (-1,1]$　　D. $x \in [-1,1]$

(9)幂级数 $\sum_{n=0}^{\infty} \frac{x^n}{2^n}[x \in (-2,2)]$ 的和函数是(　　).

A. $\frac{1}{1-x}$　　B. $\frac{1}{1+x}$　　C. $\frac{2}{2+x}$　　D. $\frac{2}{2-x}$

(10)奇函数 $f(x)$ 是周期为 2π 的周期函数,其傅里叶级数形式是(　　).

A. $\frac{a_0}{2} + \sum_{n=1}^{\infty} b_n \sin nx$　　B. $\sum_{n=1}^{\infty} b_n \sin nx$　　C. $\frac{a_0}{2} + \sum_{n=1}^{\infty} a_n \cos nx$　　D. $\sum_{n=1}^{\infty} a_n \cos nx$

3. 填空题

(1)级数 $\sum_{n=1}^{\infty} \frac{(-1)^{n-1}}{5^{n-1}}$ 的和等于________,级数 $\sum_{n=1}^{\infty}\left(\frac{1}{3^n}+\frac{1}{4^n}\right)$ 的和等于________.

(2)正项级数 $\sum_{n=1}^{\infty} u_n (u_n \geqslant 0)$ 收敛的充分必要条件是________________,如果正项级数 $\sum_{n=1}^{\infty} u_n$ 发散,则级数的和为________.

(3)对于几何级数 $\sum_{n=0}^{\infty} kq^n = k + kq + kq^2 + \cdots + kq^{n-1} + \cdots$(常系数 $k \neq 0$),如果级数收敛,则________;如果级数发散,则________.

(4)级数 $\sum_{n=1}^{\infty} \frac{1}{n^p} = 1 + \frac{1}{2^p} + \frac{1}{3^p} + \cdots + \frac{1}{n^p} + \cdots$ 被称为________,如果级数收敛,则________;如果级数发散,则________.

(5)设 $f(x)$ 是周期为 2 的周期函数,且满足收敛定理的条件,当 $f(x)$ 为奇函数时,它的傅里叶级数展开式是________;当 $f(x)$ 为偶函数时,它的傅里叶级数展开式是________.

4. 解答题

(1)判定级数 $\sum_{n=1}^{\infty} \frac{1}{(n+3)(n+5)}$ 的敛散性.

(2)求幂级数 $\sum_{n=0}^{\infty} (-1)^n \frac{x^n}{3^n \sqrt{n+1}}$ 的收敛域.

(3)求函数 $f(x) = a^x (a > 0$ 且 $a \neq 1)$ 的幂级数展开式.

(4)将函数 $f(x) = \frac{1}{x}$ 展开成 $(x-3)$ 的幂级数.

(5)将函数 $f(x) = 10 - x$ 在 $[5,15]$ 上展开成周期为 10 的傅里叶级数.

本章测试题解答

1. 判断题

(1)正确. $\lim\limits_{n\to\infty} u_n = 0$ 是级数 $\sum_{n=1}^{\infty} u_n$ 收敛的必要条件.

(2)错误. 因为当 $n \to \infty$ 时级数 $\sum_{n=1}^{\infty} (u_n + v_n)$ 前 n 项和数列 $\{s_n\}$ 无界, 所以级数

$\sum_{n=1}^{\infty}(u_n+v_n)$ 发散.

(3)错误. $\lim_{n\to\infty}s_n$ 存在($\{s_n\}$ 有界不一定 $\lim_{n\to\infty}s_n$ 存在)是级数收敛的充分必要条件.

(4)错误. 交错级数 $\sum_{n=1}^{\infty}(-1)^{n-1}u_n$ 收敛时,其和 $s\leqslant u_1$.

(5)错误. 如果幂级数 $\sum_{n=0}^{\infty}a_nx^n$ 收敛,则其收敛半径为 $R=\lim_{n\to\infty}\left|\frac{a_n}{a_{n+1}}\right|$.

2. 选择题

(1)B. 因为 A 和 D 是交错级数,C 的所有项都是负值.

(2)C. 例如级数 $\sum_{n=1}^{\infty}n$、$\sum_{n=1}^{\infty}(-n)$ 都发散,而级数 $\sum_{n=1}^{\infty}[n+(-n)]$ 收敛.

(3)B. 因为如果 $|u_n|>|u_{n+1}|$,则 $\lim_{n\to\infty}\frac{|u_{n+1}|}{|u_n|}<1$,故级数 $\sum_{n=1}^{\infty}u_n$ 绝对收敛.

(4)B. 因为如果级数 $\sum_{n=1}^{\infty}u_n$ 收敛,$\lim_{n\to\infty}s_n$ 必定存在,则 $\{s_n\}$ 有界.

(5)C. 因为级数 $\sum_{n=1}^{\infty}u_n$ 收敛时,$\lim_{n\to\infty}u_n=0$;但 $\lim_{n\to\infty}u_n=0$ 时,$\sum_{n=1}^{\infty}u_n$ 不一定收敛. 例如调和级数 $\sum_{n=1}^{\infty}\frac{1}{n}=1+\frac{1}{2}+\frac{1}{3}+\cdots+\frac{1}{n}+\cdots$ 发散,但 $\lim_{n\to\infty}u_n=\lim_{n\to\infty}\frac{1}{n}=0$.

(6)D. 当 $p<1$ 时,级数收敛;当 $p>1$ 时,级数发散;当 $p=1$ 时,失效.

(7)C. 该幂级数的收敛半径为 $R=\lim_{n\to\infty}\left|\frac{a_n}{a_{n+1}}\right|=\lim_{n\to\infty}\frac{n+2}{n+1}=1$.

(8)A. 因为该幂级数在 $\lim_{n\to\infty}\left|\frac{u_{n+1}}{u_n}\right|=\lim_{n\to\infty}\frac{n+1}{n}|x|=|x|<1$ 时收敛,当 $x=1$ 时,级数为 $\sum_{n=1}^{\infty}n$,发散;当 $x=-1$ 时,级数为 $\sum_{n=1}^{\infty}(-1)^{n-1}n$,发散. 所以原级数的收敛域为 $x\in(-1,1)$.

(9)D. 级数 $\sum_{n=0}^{\infty}\frac{x^n}{2^n}$ 收敛域为 $x\in(-2,2)$,和函数 $s(x)=\sum_{n=0}^{\infty}\left(\frac{x}{2}\right)^n=\frac{1}{1-\frac{x}{2}}=\frac{2}{2-x}$ $(x\in(-2,2))$.

(10)B. 周期为 2π 的奇函数的傅里叶级数是只含有正弦项的正弦级数 $\sum_{n=1}^{\infty}b_n\sin nx$.

3. 填空题

(1)$\frac{5}{6}$. 级数 $\sum_{n=1}^{\infty}\frac{(-1)^{n-1}}{5^{n-1}}=1-\frac{1}{5}+\frac{1}{5^2}-\cdots$ 是首项为 1、公比为 $-\frac{1}{5}$ 的等比级数.

$\frac{5}{6}$. 级数 $\sum_{n=1}^{\infty}\left(\frac{1}{3^n}+\frac{1}{4^n}\right)$ 是两个等比级数 $\sum_{n=1}^{\infty}\left(\frac{1}{3}\right)^n$、$\sum_{n=1}^{\infty}\left(\frac{1}{4}\right)^n$ 的和.

(2)其部分和数列 $\{s_n\}$ 有界. 因为部分和数列有界是正项级数收敛的充分必要条件.

$+\infty$. 因为如果正项级数发散,其部分和数列 $\{s_n\}$ 是单调递增的无界数列,$\lim_{n\to\infty}s_n=+\infty$.

(3)$|q|<1$;$|q|\geqslant 1$.

(4)p- 级数;$p>1$;$p\leqslant 1$.

(5)$f(x)=\sum\limits_{n=1}^{\infty} b_n \sin n\pi x$(正弦级数);$f(x)=\dfrac{a_0}{2}+\sum\limits_{n=1}^{\infty} a_n \cos n\pi x$(余弦级数).

4. 解答题

(1)因为正项级数$\dfrac{1}{(n+3)(n+5)}<\dfrac{1}{n^2}$,即级数$\sum\limits_{n=1}^{\infty}\dfrac{1}{(n+3)(n+5)}$的各项均小于$p$- 级数$\sum\limits_{n=1}^{\infty}\dfrac{1}{n^2}$的对应项.

而p- 级数$\sum\limits_{n=1}^{\infty}\dfrac{1}{n^2}$收敛,由正项级数的比较审敛法可知原级数$\sum\limits_{n=1}^{\infty}\dfrac{1}{(n+3)(n+5)}$收敛.

(2)因为幂级数$\sum\limits_{n=0}^{\infty}(-1)^n\dfrac{x^n}{3^n\sqrt{n+1}}$收敛半径为:

$$R=\lim_{n\to\infty}\left|\frac{a_n}{a_{n+1}}\right|=\lim_{n\to\infty}\frac{\dfrac{1}{3^n\sqrt{n+1}}}{\dfrac{1}{3^{n+1}\sqrt{n+2}}}=\lim_{n\to\infty}\frac{3^{n+1}\sqrt{n+2}}{3^n\sqrt{n+1}}=3,$$

级数的收敛区间为$(-3,3)$,当$x=-3$时,得级数$\sum\limits_{n=0}^{\infty}\dfrac{1}{\sqrt{n+1}}$是发散的;当$x=3$时,得级数$\sum\limits_{n=0}^{\infty}(-1)^n\dfrac{1}{\sqrt{n+1}}$是收敛的(满足交错级数的收敛条件——**莱布尼茨准则**).

因此,幂级数$\sum\limits_{n=0}^{\infty}(-1)^n\dfrac{x^n}{3^n\sqrt{n+1}}$的收敛域为$x\in(-3,3]$.

(3)$f(x)$的各阶导函数为:

$f'(x)=a^x\ln a,f''(x)=a^x(\ln a)^2,f'''(x)=a^x(\ln a)^3,\cdots,f^{(n)}(x)=a^x(\ln a)^n,\cdots.$

当$x=0$时,$f(0)$及各阶导数为:

$f(0)=1,f'(0)=\ln a,f''(0)=(\ln a)^2,f'''(0)=(\ln a)^3,\cdots,f^{(n)}(0)=(\ln a)^n,\cdots.$

因此,$f(x)=a^x$的幂级数展开式为:

$$f(x)=a^x=\sum_{n=0}^{\infty}\frac{(\ln a)^n}{n!}x^n=1+(\ln a)x+\frac{(\ln a)^2}{2!}x^2+\cdots+\frac{(\ln a)^n}{n!}x^n+\cdots\quad(x\in(-\infty,+\infty)).$$

(4)$f(x)=\dfrac{1}{x}=\dfrac{1}{3+(x-3)}=\dfrac{1}{3}\cdot\dfrac{1}{1+\dfrac{x-3}{3}}$

$$\Rightarrow 3f(x)=1-\frac{x-3}{3}+\left(\frac{x-3}{3}\right)^2-\left(\frac{x-3}{3}\right)^3+\cdots=\sum_{n=0}^{\infty}(-1)^n\frac{(x-3)^n}{3^n},$$

令$\left|\dfrac{x-3}{3}\right|<1\Rightarrow x\in(0,6)$,因此$f(x)=\dfrac{1}{x}$展开成$(x-3)$的幂级数为:

$$f(x)=\frac{1}{3}\left[1-\frac{x-3}{3}+\left(\frac{x-3}{3}\right)^2-\left(\frac{x-3}{3}\right)^3+\cdots\right]=\sum_{n=0}^{\infty}(-1)^n\frac{(x-3)^n}{3^{n+1}}(x\in(0,6)).$$

(5)函数$f(x)=10-x$满足收敛定理的条件,

当$l=5$时,计算傅里叶系数如下:

$$a_0 = \frac{1}{5}\int_5^{15} f(x)\,dx = \frac{1}{5}\int_5^{15}(1 - x)\,dx = 0,$$

$$a_n = \frac{1}{5}\int_5^{15} f(x)\cos\frac{n\pi x}{5}dx = \frac{1}{5}\int_5^{15}(10 - x)\cos\frac{n\pi x}{5}dx = 0(n = 1,2,3,\cdots),$$

$$b_0 = \frac{1}{5}\int_5^{15} f(x)\sin\frac{n\pi x}{5}dx = \frac{1}{5}\int_5^{15}(10 - x)\sin\frac{n\pi x}{5}dx = (-1)^n\frac{10}{n\pi}(n = 1,2,3,\cdots).$$

将所得系数代入周期为 $2l$ 的周期函数的傅里叶展开式可得 $f(x)$ 的傅里叶展开式为:

$$10 - x = \sum_{n=1}^{\infty}(-1)^n\frac{10}{n\pi}\sin\frac{n\pi x}{5} \quad (x \in [5,15]).$$

第 6 章 线性代数初步

本章归纳与总结

一、内容提要

本章主要介绍矩阵的概念及其运算、行列式的概念、性质、矩阵的初等变换和矩阵的秩、逆矩阵的概念、性质和求法、线性方程组的矩阵表示及线性方程组求解等内容.

1. 矩阵的概念

(1)矩阵的概念.

由 $m\times n$ 个数$(a_{ij})$$(i=1,2,\cdots,m;j=1,2,\cdots,n)$排成的 m 行 n 列的数表

$$\begin{pmatrix} a_{11} & a_{12} & \cdots & a_{1n} \\ a_{21} & a_{22} & \cdots & a_{2n} \\ \vdots & \vdots & & \vdots \\ a_{m1} & a_{m2} & \cdots & a_{mn} \end{pmatrix}$$

称为 m 行 n 列**矩阵**,简称 $m\times n$ **矩阵**,其中,a_{ij}为元素,代表第 i 行、第 j 列的元素. 矩阵一般用大写黑体字母 $\boldsymbol{A},\boldsymbol{B},\boldsymbol{C},\cdots$表示.

(2)常用的特殊矩阵.

①同型矩阵. 若两个矩阵的行数相同,且列数也相同,则称它们为**同型矩阵**.

②零矩阵. 元素全为零的矩阵称为**零矩阵**. 一般记为 $\boldsymbol{O}_{m\times n}$或者就直接记成 $\boldsymbol{O}$.

例如,$\begin{pmatrix} 0 & 0 & 0 \\ 0 & 0 & 0 \end{pmatrix}$是 2 × 3 零矩阵,即 $\boldsymbol{O}_{2\times 3}$;$\begin{pmatrix} 0 & 0 \\ 0 & 0 \end{pmatrix}$则是 2 × 2 矩阵,即 $\boldsymbol{O}_{2\times 2}$. 显然,$\boldsymbol{O}_{2\times 3}\neq\boldsymbol{O}_{2\times 2}$.

在不需要指明矩阵类型、不引起混淆的情况下,就称它们为**零矩阵**. 但一定要注意:**不同型的零矩阵是不相等的**.

③方阵. 对于 $\boldsymbol{A}_{m\times n}$,当 $m=n$ 时,这个矩阵称为 n **阶矩阵**或 n **阶方阵**,一阶方阵可以看成一个数.

方阵有对角线,从左上角到右下角的直线称为**方阵的主对角线**. 主对角线一侧所有元素都为零的方阵,称为**三角形矩阵**.

三角形矩阵分为**上三角矩阵**与**下三角矩阵**:

$$\begin{pmatrix} a_{11} & a_{12} & \cdots & a_{1n} \\ 0 & a_{22} & \cdots & a_{2n} \\ \vdots & \vdots & & \vdots \\ 0 & 0 & \cdots & a_{nn} \end{pmatrix} 与 \begin{pmatrix} a_{11} & 0 & \cdots & 0 \\ a_{21} & a_{22} & \cdots & 0 \\ \vdots & \vdots & & \vdots \\ a_{n1} & a_{n2} & \cdots & a_{nn} \end{pmatrix}$$

④行(列)矩阵.

$1 \times n$ 矩阵 $\boldsymbol{A} = (a_1, a_2, \cdots, a_n)$ 称为**行矩阵**(也称为 n **维行向量**);$m \times 1$ 矩阵 $\boldsymbol{B} = \begin{pmatrix} b_1 \\ b_2 \\ \vdots \\ b_n \end{pmatrix}$,称为**列矩阵**(也称为 m **维列向量**). 换句话说,只有一行的矩阵称为**行矩阵**,只有一列的矩阵称为**列矩阵**.

⑤对角矩阵. 设 $\boldsymbol{A} = (a_{ij})$ 是一个 n 阶方阵,如果主对角线以外的元素全为零 $a_{ij} = 0(i \neq j)$,即

$$\boldsymbol{A}_n = \begin{pmatrix} a_{11} & 0 & \cdots & 0 \\ 0 & a_{22} & \cdots & 0 \\ \vdots & \vdots & & \vdots \\ 0 & 0 & \cdots & a_{nn} \end{pmatrix}$$

则称 $\boldsymbol{A} = (a_{ij})$ 为**对角矩阵**. 简称**对角阵**. 它也可记作 $\boldsymbol{A}_n = \mathrm{diag}(a_{11}, a_{22}, \cdots, a_{nn})$.

⑥数量矩阵.

主对角线上的元素全为数 a 的对角矩阵称为**数量矩阵**.

⑦单位矩阵.

主对角线上的元素全为 1 的 n 阶数量矩阵称为 n 阶**单位矩阵**,记作 $\boldsymbol{E}$ 或 $\boldsymbol{I}$.

⑧负矩阵.

若将矩阵 $\boldsymbol{A} = (a_{ij})_{m \times n}$ 中各元素变号,则得到矩阵 $\boldsymbol{A}$ 的**负矩阵** $-\boldsymbol{A}$,即 $-\boldsymbol{A} = (-a_{ij})_{m \times n}$.

2. 矩阵的运算

(1)矩阵的转置与相等.

将矩阵 $\boldsymbol{A}$ 的行与列互换后得到的新矩阵,称为原矩阵 $\boldsymbol{A}$ 的**转置矩阵**,记为 $\boldsymbol{A}^{\mathrm{T}}$.

两个矩阵,如果它们的行数与列数分别相等,且它们的对应元素也都相等,则称它们为**相等矩阵**.

(2)矩阵的加(减)法.

设 $\boldsymbol{A} = (a_{ij})_{m \times n}, \boldsymbol{B} = (b_{ij})_{m \times n}$,则 $\boldsymbol{A} \pm \boldsymbol{B} = (a_{ij} \pm b_{ij})_{m \times n}$.

注意　可加(减)的条件是两矩阵同型,结果也同型.

矩阵的加法满足交换律与结合律.

①$\boldsymbol{A} + (-\boldsymbol{A}) = \boldsymbol{O}$;

②$\boldsymbol{A}+\boldsymbol{O}=\boldsymbol{A}$；

③$\boldsymbol{A}-\boldsymbol{B}=\boldsymbol{A}+(-\boldsymbol{B})$（减法也可用此式定义）.

(3)矩阵的数量乘法.

$k\boldsymbol{A}=k(a_{ij})_{m\times n}=(ka_{ij})_{m\times n}$.

矩阵的**数乘**满足的运算律：

①$\alpha(\beta\boldsymbol{A})=(\alpha\beta)\boldsymbol{A}$；

②$\alpha(\boldsymbol{A}+\boldsymbol{B})=\alpha\boldsymbol{A}+\alpha\boldsymbol{B}$；

③$(\alpha+\beta)\boldsymbol{A}=\alpha\boldsymbol{A}+\beta\boldsymbol{A}$.

(4)矩阵的乘法.

设$\boldsymbol{A}=(a_{ij})_{m\times l}$，$\boldsymbol{B}=(b_{ij})_{l\times n}$，则$\boldsymbol{C}=\boldsymbol{AB}=(c_{ij})_{m\times n}$，其中，

$$c_{ij}=a_{i1}b_{1j}+a_{i2}b_{2j}+\cdots+a_{il}b_{lj}(i=1,2,\cdots,m;\ j=1,2,\cdots,n)$$

注意 可乘条件为左矩阵的列数等于右矩阵的行数；相乘所得矩阵的行数为左矩阵的行数，列数为右矩阵的列数.

矩阵乘法满足的运算律：

①结合律：$\boldsymbol{A}(\boldsymbol{BC})=(\boldsymbol{AB})\boldsymbol{C}$.

②左、右分配律：$(\boldsymbol{A}+\boldsymbol{B})\boldsymbol{C}=\boldsymbol{AC}+\boldsymbol{BC}$，$\boldsymbol{A}(\boldsymbol{B}+\boldsymbol{C})=\boldsymbol{AB}+\boldsymbol{AC}$.

③不满足交换律. 主要有以下三个方面的原因：

a. 若$\boldsymbol{AB}$有意义，$\boldsymbol{BA}$未必有意义. 如$\boldsymbol{A}_{2\times2}\boldsymbol{B}_{2\times3}$有意义而$\boldsymbol{B}_{2\times3}\boldsymbol{A}_{2\times2}$则没有意义.

b. 即使$\boldsymbol{AB}$，$\boldsymbol{BA}$都有意义，也不一定同型. 如$\boldsymbol{A}_{3\times2}\boldsymbol{B}_{2\times3}=\boldsymbol{C}_{3\times3}$，$\boldsymbol{B}_{2\times3}\boldsymbol{A}_{3\times2}=\boldsymbol{C}_{2\times2}$.

c. 即使$\boldsymbol{AB}$，$\boldsymbol{BA}$都有意义且同型，也不一定相等. 如$\boldsymbol{A}=\begin{bmatrix}-2&4\\1&-2\end{bmatrix}$，$\boldsymbol{B}=\begin{bmatrix}2&4\\-3&-6\end{bmatrix}$，但$\boldsymbol{AB}=\begin{bmatrix}-16&-32\\8&16\end{bmatrix}$，$\boldsymbol{BA}=\begin{bmatrix}0&0\\0&0\end{bmatrix}$.

④不满足乘法消去律，即当$\boldsymbol{AB}=\boldsymbol{AC}$时，一般来说没有$\boldsymbol{B}=\boldsymbol{C}$.

如$\boldsymbol{A}=\begin{bmatrix}0&0\\0&1\end{bmatrix}$，$\boldsymbol{B}=\begin{bmatrix}0&1\\0&0\end{bmatrix}$，$\boldsymbol{C}=\begin{bmatrix}1&0\\0&0\end{bmatrix}$，虽有$\boldsymbol{AB}=\boldsymbol{AC}=\begin{bmatrix}0&0\\0&0\end{bmatrix}$，但$\boldsymbol{B}\neq\boldsymbol{C}$；如$\boldsymbol{A}=\begin{bmatrix}5&1\\6&0\end{bmatrix}$，$\boldsymbol{B}=\begin{bmatrix}2&1\\3&0\end{bmatrix}$，$\boldsymbol{C}=\begin{bmatrix}0&0\\1&1\end{bmatrix}$，虽有$\boldsymbol{AC}=\boldsymbol{BC}=\begin{bmatrix}1&1\\0&0\end{bmatrix}$，但$\boldsymbol{A}\neq\boldsymbol{B}$.

⑤方阵的幂.

对于方阵$\boldsymbol{A}$与自然数k，称$\boldsymbol{A}^k=\underbrace{\boldsymbol{A}\cdot\boldsymbol{A}\cdot\cdots\cdot\boldsymbol{A}}_{n}$为方阵$\boldsymbol{A}$的$k$次幂，具有性质：

a. $\boldsymbol{A}^{k_1}\boldsymbol{A}^{k_2}=\boldsymbol{A}^{k_1+k_2}$；

b. $(\boldsymbol{A}^{k_1})^{k_2}=\boldsymbol{A}^{k_1k_2}$.

3. 行列式

行列式的概念.

①二阶行列式.

定义1 由4个数排成正方形，在两边各加一条竖线所得的数学符号$\begin{vmatrix}a_{11}&a_{12}\\a_{21}&a_{22}\end{vmatrix}$称为一个二阶行列式，它表示$a_{11}a_{22}-a_{12}a_{21}$，

即

$$\begin{vmatrix} a_{11} & a_{12} \\ a_{21} & a_{22} \end{vmatrix} = a_{11}a_{22} - a_{12}a_{21}.$$

②三阶行列式.

定义2　由9个数排成正方形,在两边各加一条竖线所得的数学符号$\begin{vmatrix} a_{11} & a_{12} & a_{13} \\ a_{21} & a_{22} & a_{23} \\ a_{31} & a_{32} & a_{33} \end{vmatrix}$称为一个三阶行列式,它表示数:

$$a_{11}a_{22}a_{33} + a_{12}a_{23}a_{31} + a_{13}a_{21}a_{32} - a_{13}a_{22}a_{31} - a_{12}a_{21}a_{33} - a_{11}a_{23}a_{32}$$

注意　对角线法则仅适用于二、三阶行列式,不适用于高阶行列式的计算.

③余子式、代数余子式.

定义3　在n阶方阵的行列式中,将元素a_{ij}所在的行和列同时划去,其余元素构成一个$(n-1)$阶方阵的行列式,称为元素a_{ij}的**余子式**,记为M_{ij};记$A_{ij}=(-1)^{i+j}M_{ij}$,称A_{ij}为元素a_{ij}的**代数余子式**.

④n阶行列式的定义.

由n^2个元素$a_{ij}(i,j=1,2,\cdots,n)$组成的记号

$$\boldsymbol{A} = \begin{vmatrix} a_{11} & a_{12} & \cdots & a_{1n} \\ a_{21} & a_{22} & \cdots & a_{2n} \\ \vdots & \vdots & & \vdots \\ a_{n1} & a_{n2} & \cdots & a_{nn} \end{vmatrix}$$

称为n阶行列式,横排为行,竖排为列.n阶行列式$\boldsymbol{A}$表示一个代数和,即按第i行展开$|\boldsymbol{A}| = a_{i1}A_{i1} + a_{i2}A_{i2} + \cdots + a_{in}A_{in}$或按第$j$列展开$|\boldsymbol{A}| = a_{1j}A_{1j} + a_{2j}A_{2j} + \cdots + a_{nj}A_{nj}$.

4.行列式的性质与计算

性质1　把行列式的行与列互换,行列式的值不变,即$|\boldsymbol{A}| = |\boldsymbol{A}^{\mathrm{T}}|$.

性质2　交换行列式的任意两行(列),行列式仅改变符号.

性质3　行列式等于它的任意一行(列)的各个元素与其代数余子式的乘积之和.简言之,行列式可以按任意一行(列)展开.

性质4　行列式的任意一行(列)的元素与另一行(列)的对应元素的代数余子式的乘积之和等于零.

性质5　把行列式的任意一行(列)的各元素同乘以数k,等于该行列式乘以数k.

性质6　把行列式的某一行(列)的各元素的k倍加到另一行(列)的对应元素上,行列式的值不变.

性质7　$D = \begin{vmatrix} a_{11} & a_{12} & \cdots & a_{1n} \\ \vdots & \vdots & & \vdots \\ a_{i1}+b_{i1} & a_{i2}+b_{i2} & \cdots & a_{in}+b_{in} \\ \vdots & \vdots & & \vdots \\ a_{n1} & a_{n2} & \cdots & a_{nn} \end{vmatrix}$

$$
=\begin{vmatrix} a_{11} & a_{12} & \cdots & a_{1n} \\ \vdots & \vdots & & \vdots \\ a_{i1} & a_{i2} & \cdots & a_{in} \\ \vdots & \vdots & & \vdots \\ a_{n1} & a_{n2} & \cdots & a_{nn} \end{vmatrix} + \begin{vmatrix} a_{11} & a_{12} & \cdots & a_{1n} \\ \vdots & \vdots & & \vdots \\ b_{i1} & b_{i2} & \cdots & b_{in} \\ \vdots & \vdots & & \vdots \\ a_{n1} & a_{n2} & \cdots & a_{nn} \end{vmatrix}
$$

性质 8 若行列式满足下列三个条件之一,则该行列式的值为零. ①若行列式中有一行(列)的元素全为零,则行列式等于零;②若行列式中有两行(列)的对应元素相等,则行列式等于零;③行列式中如果有某两行(列)的对应元素成比例,则行列式的值为零.

5. 矩阵的初等变换与矩阵的秩

(1)矩阵的初等变换概念.

对矩阵施行下列三种变换,称为矩阵的初等变换.

①(**换位变换**) 交换矩阵的两行(列);

②(**倍法变换**) 用非零数 k 乘矩阵的某一行(列);

③(**消法变换**) 用数 k 乘矩阵的某一行(列)的各元素后加到另一行(列)的对应元素上.

注意 对行做的初等变换称为行初等变换,对列做的初等变换称为列初等变换. 行初等变换与列初等变换统称为初等变换. 矩阵的初等变换可逆,有相应的逆变换将变换后的矩阵还原.

(2)矩阵等价的概念.

矩阵 $\boldsymbol{A}$ 经过有限次初等变换化为矩阵 $\boldsymbol{B}$,则称矩阵 $\boldsymbol{A}$ 与矩阵 $\boldsymbol{B}$ 等价,记作 $\boldsymbol{A}\sim\boldsymbol{B}$.

(3)阶梯形矩阵.

具有以下两个特点的矩阵称为阶梯型矩阵.

①若有零行(元素全为 0 的行),则零行一定位于矩阵的最下方;

②非零行的第一个非零元素之前的零元素个数随行数增加而增多.

(4)行简化阶梯形矩阵.

在一个阶梯形矩阵中,如果它的非零行的第一个非零元素都是 1,且其所在列的其他元素都是零,称为**行简化阶梯形矩阵或简化阶梯形矩阵**.

注意 这并不意味着化简后的行阶梯形矩阵的左部总是单位阵.

(5)利用行初等变换将矩阵化成行简化阶梯形矩阵.

$$
\text{矩阵}\,\boldsymbol{A}\xrightarrow{\text{行初等变换}}\text{阶梯形矩阵}\xrightarrow{\text{行初等变换}}\text{行简化阶梯形矩阵}
$$

注意 行阶梯形的结果并不是唯一的.

6. 矩阵的秩

(1)矩阵的 K 阶子式的概念.

定义 4 在 $m\times n$ 矩阵 $\boldsymbol{A}$ 中,任取 k 行 k 列($1\leqslant k\leqslant\min\{m,n\}$),位于这些行列交叉处的 k^2 个元素按照它们在矩阵中的相对位置不变构成一个 k 阶行列式,称为矩阵 $\boldsymbol{A}$ 的一个 k 阶子式.

(2)矩阵的秩.

$m\times n$ 阶矩阵 $\boldsymbol{A}$ 中不为零的子式的最高阶数 k,称为矩阵 $\boldsymbol{A}$ 的秩,记作 $r(\boldsymbol{A})$,即 $r(\boldsymbol{A})=k$.

注意 $r(\boldsymbol{A})\leqslant\min\{m,n\}$,$r(\boldsymbol{A})=r(\boldsymbol{A}^{\mathrm{T}})$.

特别地,规定零矩阵的秩等于零.

(3)矩阵的秩的求法.

方法 1　求子式. 找出不为零的子式的最高阶数,其阶数为矩阵的秩.

方法 2　初等变换法. 矩阵 $\boldsymbol{A} \xrightarrow{\text{初等变换}}$ 阶梯形矩阵 $\boldsymbol{B}$;$r(\boldsymbol{B})=$ 它的非零行数;$r(\boldsymbol{A})=r(\boldsymbol{B})$.

7. 逆矩阵

(1)逆矩阵的概念.

设 $\boldsymbol{A}$ 和 $\boldsymbol{B}$ 都是方阵,且满足 $\boldsymbol{AB}=\boldsymbol{BA}=\boldsymbol{E}$,则称 $\boldsymbol{A}$ 是可逆矩阵,且 $\boldsymbol{B}$ 为 $\boldsymbol{A}$ 的**逆矩阵**,记作 $\boldsymbol{B}=\boldsymbol{A}^{-1}$,读作 $\boldsymbol{A}$ 的逆.

注意　①零方阵是不可逆的,而非零方阵也不一定都可逆.

②单位阵 $\boldsymbol{E}$ 都可逆.

(2)逆矩阵的性质.

①$\boldsymbol{A}^{-1}$ 是唯一的.

②$\boldsymbol{A}^{-1}$ 可逆且 $(\boldsymbol{A}^{-1})^{-1}=\boldsymbol{A}$,即 $\boldsymbol{A},\boldsymbol{A}^{-1}$ 互为逆矩阵.

③$\boldsymbol{A}^{\mathrm{T}}$ 可逆且 $(\boldsymbol{A}^{\mathrm{T}})^{-1}=(\boldsymbol{A}^{-1})^{\mathrm{T}}$.

④$\lambda\boldsymbol{A}(\lambda\neq0)$ 可逆且 $(\lambda\boldsymbol{A})^{-1}=\dfrac{1}{\lambda}\boldsymbol{A}^{-1}$.

⑤$|\boldsymbol{A}^{-1}|=\dfrac{1}{|\boldsymbol{A}|}=|\boldsymbol{A}|^{-1}$.

⑥$\boldsymbol{AB},\boldsymbol{BA}$ 可逆且 $(\boldsymbol{AB})^{-1}=\boldsymbol{B}^{-1}\boldsymbol{A}^{-1}$,$(\boldsymbol{BA})^{-1}=\boldsymbol{A}^{-1}\boldsymbol{B}^{-1}$.

(3)矩阵可逆的条件.

矩阵 $\boldsymbol{A}$ 可逆 $\Leftrightarrow|\boldsymbol{A}|\neq0\Leftrightarrow\boldsymbol{A}$ 是非奇异矩阵 $\Leftrightarrow\boldsymbol{A}$ 是满秩矩阵,即 $r(\boldsymbol{A})=n$.

(4)逆矩阵的求法.

$$(\boldsymbol{A}\ \vdots\ \boldsymbol{E})\xrightarrow{\text{行初等变换}}(\boldsymbol{E}\ \vdots\ \boldsymbol{A}^{-1})$$

注意　①始终作行初等变换;

②用行初等变换求矩阵的逆矩阵,不必考虑矩阵是否可逆.

(5)用逆矩阵求解方程组.

设 $\boldsymbol{A},\boldsymbol{B},\boldsymbol{C}$ 都是方阵且可逆,则有

$\boldsymbol{AX}=\boldsymbol{C}\Rightarrow\boldsymbol{A}^{-1}\boldsymbol{AX}=\boldsymbol{A}^{-1}\boldsymbol{C}\Rightarrow\boldsymbol{X}=\boldsymbol{A}^{-1}\boldsymbol{C}$

$\boldsymbol{XB}=\boldsymbol{C}\Rightarrow\boldsymbol{XBB}^{-1}=\boldsymbol{CB}^{-1}\Rightarrow\boldsymbol{X}=\boldsymbol{CB}^{-1}$

$\boldsymbol{AXB}=\boldsymbol{C}\Rightarrow\boldsymbol{A}^{-1}\boldsymbol{AXBB}^{-1}=\boldsymbol{A}^{-1}\boldsymbol{CB}^{-1}\Rightarrow\boldsymbol{X}=\boldsymbol{A}^{-1}\boldsymbol{CB}^{-1}$

8. 线性方程组的矩阵表示

形如 $\begin{cases}a_{11}x_1+a_{12}x_2+\cdots+a_{1n}x_n=b_1\\a_{21}x_1+a_{22}x_2+\cdots+a_{2n}x_n=b_2\\\qquad\vdots\\a_{m1}x_1+a_{m2}x_2+\cdots+a_{mn}x_n=b_m\end{cases}$ 的方程组,称为**线性方程组**,若令

$$\boldsymbol{A}=\begin{pmatrix} a_{11} & a_{12} & \cdots & a_{1n} \\ a_{21} & a_{22} & \cdots & a_{2n} \\ \vdots & \vdots & & \vdots \\ a_{m1} & a_{m2} & \cdots & a_{mn} \end{pmatrix}$$ 称为方程组的系数矩阵，$\boldsymbol{X}=\begin{pmatrix} x_1 \\ x_2 \\ \vdots \\ x_n \end{pmatrix}$ 称为未知量矩阵，$\boldsymbol{B}=\begin{pmatrix} b_1 \\ b_2 \\ \vdots \\ b_n \end{pmatrix}$ 称为常数项矩阵，则线性方程组可用矩阵表示为：$\boldsymbol{AX}=\boldsymbol{B}$.

增广矩阵：$\widetilde{\boldsymbol{A}}=(\boldsymbol{A}\vdots\boldsymbol{b})=\begin{pmatrix} a_{11} & a_{12} & \cdots & a_{1n} & \cdots & b_1 \\ a_{21} & a_{22} & \cdots & a_{2n} & \cdots & b_2 \\ \vdots & \vdots & & \vdots & & \vdots \\ a_{m1} & a_{m2} & \cdots & a_{mn} & \cdots & b_m \end{pmatrix}$

线性方程组与增广矩阵是一一对应的.

9. 线性方程组的分类

若 $\boldsymbol{B}=\boldsymbol{O}$，则线性方程组 $\boldsymbol{AX}=\boldsymbol{O}$，称为齐次线性方程组.

若 $\boldsymbol{B}\neq\boldsymbol{O}$，则线性方程组 $\boldsymbol{AX}=\boldsymbol{B}$，称为非齐次线性方程组.

$\boldsymbol{AX}=\boldsymbol{O}$ 称为 $\boldsymbol{AX}=\boldsymbol{B}$ 对应的齐次线性方程组.

10. 利用高斯-约当消元法求解线性方程组

高斯-约当消元法求解线性方程组的步骤如下：

(1) $(\boldsymbol{A}\vdots\boldsymbol{b})\xrightarrow{\text{行初等变换}}$行简化阶梯形矩阵；

(2) 根据行简化阶梯形矩阵得到与原方程组的同解方程组，从而解出 x_i.

11. 线性方程组解的判定

(1) 非齐次线性方程组 $\boldsymbol{AX}=\boldsymbol{b}$ 解的判定.

非齐次线性方程组**有解**$\Leftrightarrow r(\boldsymbol{A})=r(\boldsymbol{A}\vdots\boldsymbol{b})$，其中 $r(\boldsymbol{A})$ 表示有效方程的个数，$n-r(\boldsymbol{A})$ 代表自由变量的个数.

注意 ①$r(\boldsymbol{A})\neq r(\boldsymbol{A}\vdots\boldsymbol{b})\Leftrightarrow$非其次线性方程组无解，即存在矛盾方程；

②$r(\boldsymbol{A})=r(\boldsymbol{A}\vdots\boldsymbol{b})=n$，方程组有唯一解；

③$r(\boldsymbol{A})=r(\boldsymbol{A}\vdots\boldsymbol{b})<n$，方程组有无穷多组解.

(2) 齐次线性方程组 $\boldsymbol{A}_{m\times n}\boldsymbol{X}=\boldsymbol{O}$ 解的判定.

齐次线性方程组 $\boldsymbol{AX}=\boldsymbol{O}$ 一定有解，且零一定是它的解.

注意 ①齐次线性方程组有非零解的充要条件是它的系数矩阵的秩小于它的未知量个数；

②如果 $m=n$，则齐次线性方程组有非零解的充要条件是它的系数矩阵的行列式等于 0，即 $r(\boldsymbol{A})<n$；

③如果 $m<n$，则齐次线性方程组必有非零解；

④如果 $m=n$，则齐次线性方程组有唯一零解的充要条件是它的系数矩阵的行列式不等于 0，即 $r(\boldsymbol{A})=n$.

二、重点与难点

(1) 矩阵的定义、矩阵的运算；

(2) 理解 n 阶行列式，熟悉(代数)余子式等有关概念，掌握二阶、三阶行列式的计算；

(3)掌握矩阵的初等变换和阶梯形矩阵的定义,利用初等变换求矩阵的秩;
(4)矩阵逆的求解,利用逆矩阵求解简单的矩阵方程组;
(5)利用高斯消元法求解线性方程组.

典型例题解析

例 1　$A=\begin{bmatrix}2&1\\0&3\\4&1\end{bmatrix}, B=\begin{bmatrix}1&5&0\\2&0&1\end{bmatrix}$,求 AB.

解　$AB=\begin{bmatrix}2&1\\0&3\\4&1\end{bmatrix}\begin{bmatrix}1&5&0\\2&0&1\end{bmatrix}=\begin{bmatrix}4&10&1\\6&0&3\\6&20&1\end{bmatrix}$.

例 2　求解三阶行列式 $\begin{vmatrix}1&-2&0\\3&1&-1\\0&2&1\end{vmatrix}$ 的值.

解　$\begin{vmatrix}1&-2&0\\3&1&-1\\0&2&1\end{vmatrix}=1+0+0-0-(-6)-(-2)=9.$

例 3　设 $A=\begin{bmatrix}2&-1&3&1\\4&-2&5&4\\2&-1&4&-1\end{bmatrix}$,求 $r(A)$.

解　$A\xrightarrow[r_3-r_1]{r_2-2r_1}\begin{bmatrix}2&-1&3&1\\0&0&-1&2\\0&0&1&-2\end{bmatrix}\xrightarrow{r_3+r_2}\begin{bmatrix}2&-1&3&1\\0&0&-1&2\\0&0&0&0\end{bmatrix}$,

故 $r(A)=2$.

例 4　求矩阵 $A=\begin{bmatrix}1&2&1&-4\\0&0&1&9\\0&0&-2&-18\end{bmatrix}$ 的秩.

解　易知矩阵 A 的所有 3 阶子式共 4 个,全都是零子式. 再考察 2 阶子式:

显然:$\begin{vmatrix}2&1\\0&1\end{vmatrix}=2\neq0$,所以 $R(A)=2$.

例 5　证明矩阵 $A=\begin{bmatrix}1&0\\2&1\end{bmatrix}$ 可逆,并求 A^{-1}.

证　设 $B=\begin{bmatrix}a&b\\c&d\end{bmatrix}$ 是 A 的逆矩阵,则有

$AB=\begin{bmatrix}1&0\\2&1\end{bmatrix}\begin{bmatrix}a&b\\c&d\end{bmatrix}=\begin{bmatrix}a&b\\2a+c&2b+d\end{bmatrix}=\begin{bmatrix}1&0\\0&1\end{bmatrix}$.

从而有

$$\begin{cases} a=1 \\ b=0 \\ 2a+c=0 \\ 2b+d=1 \end{cases}$$

所以有 $a=1,b=0,c=-2,d=1$，于是

$$\boldsymbol{B}=\begin{bmatrix} 1 & 0 \\ -2 & 1 \end{bmatrix}.$$

容易验证，$\boldsymbol{AB}=\boldsymbol{BA}=\boldsymbol{E}$，所以 $\boldsymbol{A}^{-1}=\boldsymbol{B}=\begin{bmatrix} 1 & 0 \\ -2 & 1 \end{bmatrix}$.

例 6 求矩阵 $\boldsymbol{A}=\begin{bmatrix} 1 & 1 & 2 \\ 0 & 2 & 3 \\ 2 & 0 & 1 \end{bmatrix}$ 的逆矩阵.

解 $(\boldsymbol{A}\vdots\boldsymbol{E})=\begin{bmatrix} 1 & 1 & 2 & \vdots & 1 & 0 & 0 \\ 0 & 2 & 3 & \vdots & 0 & 1 & 0 \\ 2 & 0 & 1 & \vdots & 0 & 0 & 1 \end{bmatrix}$

$$\xrightarrow{r_3-2r_1}\begin{bmatrix} 1 & 1 & 2 & \vdots & 1 & 0 & 0 \\ 0 & 2 & 3 & \vdots & 0 & 1 & 0 \\ 0 & -2 & -3 & \vdots & -2 & 0 & 1 \end{bmatrix}$$

$$\xrightarrow{r_3+r_2}\begin{bmatrix} 1 & 1 & 2 & \vdots & 1 & 0 & 0 \\ 0 & 2 & 3 & \vdots & 0 & 1 & 0 \\ 0 & 0 & 0 & \vdots & -2 & 1 & 1 \end{bmatrix}.$$

因矩阵中的前半部分非零行的行数 2 小于矩阵的阶数 3，故矩阵 $\boldsymbol{A}$ 不可逆.

例 7 已知 $\boldsymbol{A}=\begin{pmatrix} 2 & -2 & -1 \\ 1 & 0 & -1 \\ 0 & 0 & 2 \end{pmatrix}$，且 $\boldsymbol{AX}=\boldsymbol{A}+\boldsymbol{X}$，求 $\boldsymbol{X}$.

解 因为 $\boldsymbol{AX}=\boldsymbol{A}+\boldsymbol{X}$，化简得 $(\boldsymbol{A}-\boldsymbol{I})\boldsymbol{X}=\boldsymbol{A}$，

即 $\boldsymbol{X}=(\boldsymbol{A}-\boldsymbol{I})^{-1}\boldsymbol{A}$

$$\boldsymbol{A}-\boldsymbol{I}=\begin{pmatrix} 2 & -2 & -1 \\ 1 & 0 & -1 \\ 0 & 0 & 2 \end{pmatrix}-\begin{pmatrix} 1 & 0 & 0 \\ 0 & 1 & 0 \\ 0 & 0 & 1 \end{pmatrix}=\begin{pmatrix} 1 & -2 & -1 \\ 1 & -1 & -1 \\ 0 & 0 & 1 \end{pmatrix}$$

$$\left(\begin{array}{ccc|ccc} 1 & -2 & -1 & 1 & 0 & 0 \\ 1 & -1 & -1 & 0 & 1 & 0 \\ 0 & 0 & 1 & 0 & 0 & 1 \end{array}\right)\xrightarrow{r_1\times(-1)+r_2}\left(\begin{array}{ccc|ccc} 1 & -2 & -1 & 1 & 0 & 0 \\ 0 & 1 & 0 & -1 & 1 & 0 \\ 0 & 0 & 1 & 0 & 0 & 1 \end{array}\right)\xrightarrow{r_2\times 2+r_1}\left(\begin{array}{ccc|ccc} 1 & 0 & -1 & -1 & 2 & 0 \\ 0 & 1 & 0 & -1 & 1 & 0 \\ 0 & 0 & 1 & 0 & 0 & 1 \end{array}\right)$$

$$\xrightarrow{r_3\times 1+r_1}\left(\begin{array}{ccc|ccc} 1 & 0 & 0 & -1 & 2 & 1 \\ 0 & 1 & 0 & -1 & 1 & 0 \\ 0 & 0 & 1 & 0 & 0 & 1 \end{array}\right),$$

即 $(\boldsymbol{A}-\boldsymbol{I})^{-1}=\begin{pmatrix} -1 & 2 & 1 \\ -1 & 1 & 0 \\ 0 & 0 & 1 \end{pmatrix}$.

所以 $\boldsymbol{X}=(\boldsymbol{A}-\boldsymbol{I})^{-1}\boldsymbol{A}=\begin{pmatrix}-1&2&1\\-1&1&0\\0&0&1\end{pmatrix}\cdot\begin{pmatrix}2&-2&-1\\1&0&-1\\0&0&2\end{pmatrix}$

$$=\begin{pmatrix}0&2&1\\-1&2&0\\0&0&2\end{pmatrix}.$$

例8　求解下列线性方程组.

(1) $\begin{cases}4x_1-3x_2+5x_3=0\\3x_1+x_2-2x_3=0\\x_1-4x_2-3x_3=0\end{cases}$;

(2) $\begin{cases}x_1-x_2+x_3-x_4=1\\x_1-x_2-x_3+x_4=0\\2x_1-2x_2-4x_3+4x_4=-1\end{cases}$.

解　(1) $\boldsymbol{A}=\begin{bmatrix}4&-3&5\\3&1&-2\\1&-4&-3\end{bmatrix}\xrightarrow{r_1-r_2}\begin{bmatrix}1&-4&7\\3&1&-2\\1&-4&-3\end{bmatrix}\xrightarrow[r_3-r_1]{r_2-3r_1}\begin{bmatrix}1&-4&7\\0&13&-23\\0&0&-10\end{bmatrix}$.

故 $r(\boldsymbol{A})=3$,只有零解.

(2)

$$(\boldsymbol{A}\vdots\boldsymbol{b})=\left[\begin{array}{cccc:c}1&-1&1&-1&1\\1&-1&-1&1&0\\2&-2&-4&4&-1\end{array}\right]\xrightarrow[r_3-2r_1]{r_2-r_1}\left[\begin{array}{cccc:c}1&-1&1&-1&1\\0&0&-2&2&-1\\0&0&-6&6&-3\end{array}\right]$$

$$\xrightarrow{r_3-3r_2}\left[\begin{array}{cccc:c}1&-1&1&-1&1\\0&0&-2&2&-1\\0&0&0&0&0\end{array}\right]\xrightarrow{-\frac{1}{2}r_2}\left[\begin{array}{cccc:c}1&-1&1&-1&1\\0&0&1&-1&\frac{1}{2}\\0&0&0&0&0\end{array}\right]$$

$$\xrightarrow{r_1-r_2}\left[\begin{array}{cccc:c}1&-1&0&0&\frac{1}{2}\\0&0&1&-1&\frac{1}{2}\\0&0&0&0&0\end{array}\right].$$

所以与之对应的方程组为:$\begin{cases}x_1-x_2=\dfrac{1}{2}\\x_3-x_4=\dfrac{1}{2}\end{cases}$,即$\begin{cases}x_1=\dfrac{1}{2}+x_2\\x_3=\dfrac{1}{2}+x_4\end{cases}$,

也即 $\begin{cases}x_1=\dfrac{1}{2}+x_2\\x_2=x_2\\x_3=\dfrac{1}{2}+x_4\\x_4=x_4\end{cases}$,

所以方程组的通解为

$$\begin{pmatrix} x_1 \\ x_2 \\ x_3 \\ x_4 \end{pmatrix} = \begin{pmatrix} \frac{1}{2} \\ 0 \\ \frac{1}{2} \\ 0 \end{pmatrix} + C_1 \begin{pmatrix} 1 \\ 1 \\ 0 \\ 0 \end{pmatrix} + C_2 \begin{pmatrix} 0 \\ 0 \\ 1 \\ 1 \end{pmatrix},$$

其中,C_1, C_2 为任意实数.

注意 线性方程组的一般解法,就是在解的过程中注意将增广矩阵化为**行最简阶梯形矩阵**.

本章测试题及解答

本章测试题

1. 判断题

(　　)(1)主对角线上的元素相等的对角矩阵即为数量矩阵.

(　　)(2)与矩阵 $\boldsymbol{A}$ 等价的矩阵的秩不一定等于矩阵 $\boldsymbol{A}$ 的秩.

(　　)(3)A_{ij}是行列式 $|\boldsymbol{A}|$ 的一个元素,当 $i+j$ 为偶数时,$\boldsymbol{A}_{ij} = -\boldsymbol{M}_{ij}$.

(　　)(4)如果线性方程组的系数矩阵通过初等变换可变换为单位矩阵,则原方程组有唯一解.

(　　)(5)对于齐次线性方程组,当方程的个数少于变量的个数时,原方程组有非零解.

2. 选择题

(1)现有三个矩阵:$A_{3\times5}, B_{5\times4}, C_{4\times3}$,下列运算中不能进行的是(　　).

A. $\boldsymbol{ABC}$　　B. $\boldsymbol{CAB}$　　C. $\boldsymbol{ACB}$　　D. $\boldsymbol{BCA}$

(2)若 $\boldsymbol{AB}=\boldsymbol{O}$,则有(　　).

A. $\boldsymbol{A}=\boldsymbol{O}$　　B. $\boldsymbol{B}=\boldsymbol{O}$

C. $\boldsymbol{A}=\boldsymbol{O}$ 或 $\boldsymbol{B}=\boldsymbol{O}$　　D. 以上答案均不对

(3)$\boldsymbol{A}$ 为 3 阶方阵,且 $|\boldsymbol{A}|=2$, 则 $|2\boldsymbol{A}^{-1}|=$(　　).

A. 1　　B. 4　　C. -1　　D. -4

(4)下列哪一项条件不能推导出行列式 $|\boldsymbol{A}|=0$?(　　)

A. 存在零行或零列　　B. 其中的两行或两列成比例

C. 其中的两行或两列相等　　D. 其中某一行或列的元素相等

(5)$\boldsymbol{A},\boldsymbol{B},\boldsymbol{C}$ 为同阶方阵,且 $\boldsymbol{ABC}=\boldsymbol{E}$,则必有(　　).

A. $\boldsymbol{ACB}=\boldsymbol{E}$　　B. $\boldsymbol{CBA}=\boldsymbol{E}$　　C. $\boldsymbol{BAC}=\boldsymbol{E}$　　D. $\boldsymbol{BCA}=\boldsymbol{E}$

(6)设 $\boldsymbol{A}$ 为二阶可逆矩阵,且$(2\boldsymbol{A})^{-1}=\begin{pmatrix} 1 & 2 \\ 3 & 4 \end{pmatrix}$,则 $\boldsymbol{A}=$(　　).

A. $2\begin{pmatrix} 1 & 2 \\ 3 & 4 \end{pmatrix}$　　B. $2\begin{pmatrix} 1 & 2 \\ 3 & 4 \end{pmatrix}^{-1}$　　C. $\frac{1}{2}\begin{pmatrix} 1 & 2 \\ 3 & 4 \end{pmatrix}^{-1}$　　D. $-\frac{1}{2}\begin{pmatrix} 1 & 2 \\ 3 & 4 \end{pmatrix}$

(7)设 $\boldsymbol{A}$ 为 n 阶方阵,$r(\boldsymbol{A})=r<n$,那么(　　).

A. $\boldsymbol{A}$ 可能不可逆　　B. $|\boldsymbol{A}|=0$

C. $\boldsymbol{A}$ 中所有 r 阶子式全部为零　　D. $\boldsymbol{A}$ 中没有不等于零的 r 阶子式

(8)线性方程组 $\boldsymbol{A}_{m\times n}\boldsymbol{X}=\boldsymbol{b}$ 有唯一解,则必有(　　).

A. $r(\boldsymbol{A})=m$　　B. $r(\boldsymbol{A})=n$　　C. $r(\boldsymbol{A})<m$　　D. $r(\boldsymbol{A})<n$

(9)已知矩阵 $\boldsymbol{A}=\begin{pmatrix}1 & 1\\ 0 & -1\end{pmatrix}$,$\boldsymbol{B}=\begin{pmatrix}1 & 0\\ 1 & 1\end{pmatrix}$,则 $\boldsymbol{AB}-\boldsymbol{BA}=$(　　).

A. $\begin{pmatrix}1 & 0\\ -2 & -1\end{pmatrix}$　　B. $\begin{pmatrix}1 & 1\\ 0 & -1\end{pmatrix}$　　C. $\begin{pmatrix}1 & 0\\ 0 & 1\end{pmatrix}$　　D. $\begin{pmatrix}0 & 0\\ 0 & 0\end{pmatrix}$

(10)对于非齐次线性方程组,以下结论正确的是(　　).

A. 方程的个数小于变量的个数的方程组一定有解

B. 方程的个数等于变量的个数的方程组一定有唯一解

C. 方程的个数等于变量的个数的方程组一定有无数个解

D. A,B,C 都不对

3. 填空题

(1)$\begin{pmatrix}1 & 1\\ 0 & 1\end{pmatrix}^{10}=$________.

(2)$\begin{pmatrix}2 & 1\\ 5 & 3\end{pmatrix}^{-1}=$________.

(3)$\begin{vmatrix}1 & 1 & 0\\ 1 & 1 & 1\\ 0 & 1 & 1\end{vmatrix}=$________.

(4)线性方程组$\begin{cases}x_1-x_2=2\\ x_1+2x_2=1\\ 3x_1+\lambda x_2=1\end{cases}$有解,则 $\lambda=$________.

(5)$\boldsymbol{A},\boldsymbol{B}$ 都是 3 阶方阵,且 $|\boldsymbol{A}|=3$,$|\boldsymbol{B}|=2$,则 $|-2\boldsymbol{A}^{\mathrm{T}}\boldsymbol{B}^{-1}|=$________.

4. 解答题

(1)求矩阵 $\boldsymbol{A}=\begin{bmatrix}4 & -3 & 5\\ 3 & 1 & -2\\ 1 & -4 & -3\end{bmatrix}$的秩.

(2)矩阵 $A=\begin{pmatrix}1 & 4\\ -1 & 2\end{pmatrix}$,$B=\begin{pmatrix}2 & 0\\ -1 & 1\end{pmatrix}$,$C=\begin{pmatrix}3 & 1\\ 0 & -1\end{pmatrix}$,且满足 $AXB=C$,求矩阵 X.

(3)已知$\begin{cases}x_1+x_2+x_3=1\\ 2x_1+3x_2-x_3=\lambda\\ 4x_1+5x_2+\lambda^2x_3=3\end{cases}$,试讨论 λ 取何值时,方程组无解?有唯一解?无穷多组解?

(4)求解下列线性方程组.

①$\begin{cases}2x_1-4x_2+5x_3+3x_4=0\\ 3x_1-6x_2+4x_3+2x_4=0\\ 4x_1-8x_2+17x_3+11x_4=0\end{cases}$,　　②$\begin{cases}x_1+3x_2+3x_3=16\\ x_1+4x_2+3x_3=18\\ x_1+3x_2+4x_3=19\end{cases}$.

本章测试题解答

1. (1)正确. 因为对角阵如果满足主对角线元素都相等,即为数量矩阵.

(2)错误. 因为等价的两个矩阵,是由一系列初等变换得到的,而矩阵的初等变换不影响矩阵的秩.

(3)错误. 因为 $\boldsymbol{A}_{ij}=(-1)^{i+j}\boldsymbol{M}_{ij}=\boldsymbol{M}_{ij}$(当 $i+j$ 为偶数时).

(4)正确. 两边同时左乘 $\boldsymbol{A}^{-1}$,$\boldsymbol{A}^{-1}\boldsymbol{AX}=\boldsymbol{EX}=\boldsymbol{A}^{-1}\boldsymbol{B}\Rightarrow\boldsymbol{X}=\boldsymbol{A}^{-1}\boldsymbol{B}$ 即为唯一解.

(5)正确. 因为对于齐次线性方程组,当方程的个数 m 少于变量 n 的个数时,$r(\boldsymbol{A})\leqslant m<n$,有无穷多组解,就必然存在非零解.

2. (1)C. 选项中 $\boldsymbol{A},\boldsymbol{C}$ 不能相乘,因为两个矩阵能够相乘的条件是左矩阵的列要等于右矩阵的行.

(2)D. 矩阵的乘法是不满足消去律,两个不为零的矩阵乘积可以为零矩阵,比如:

$$\boldsymbol{A}=\begin{pmatrix}0&1\\0&1\end{pmatrix}\neq\boldsymbol{O},\boldsymbol{B}=\begin{pmatrix}1&1\\0&0\end{pmatrix}\neq\boldsymbol{O},$$

但 $\boldsymbol{AB}=\boldsymbol{O}$,所以以上答案均不对.

(3)B. 因为 $\boldsymbol{A}$ 为 3 阶方阵,所以

$$|2\boldsymbol{A}^{-1}|=2^3|\boldsymbol{A}^{-1}|=2^3|\boldsymbol{A}|^{-1}=2^3\cdot2^{-1}=4.$$

(4)D. $\boldsymbol{A},\boldsymbol{B},\boldsymbol{C}$ 是行列式为零的 3 个充分条件.

(5)D. 由 $\boldsymbol{ABC}=\boldsymbol{E}$ 可知,$\boldsymbol{BC}$ 是 $\boldsymbol{A}$ 逆矩阵,即 $\boldsymbol{BC}=\boldsymbol{A}^{-1}$,所以有 $\boldsymbol{BCA}=\boldsymbol{A}^{-1}\boldsymbol{A}=\boldsymbol{E}$.

(6)C.

$$(2\boldsymbol{A})^{-1}=\begin{pmatrix}1&2\\3&4\end{pmatrix}\Rightarrow2\boldsymbol{A}=\begin{pmatrix}1&2\\3&4\end{pmatrix}^{-1}\Rightarrow\boldsymbol{A}=\frac{1}{2}\begin{pmatrix}1&2\\3&4\end{pmatrix}^{-1}.$$

(7)B. $r(\boldsymbol{A})=r<n$ 说明矩阵不是满秩,行列式 $|\boldsymbol{A}|=0$.

注意 $|\boldsymbol{A}|=0\Leftrightarrow\boldsymbol{A}$ 不可逆 $\Leftrightarrow r(\boldsymbol{A})<n$.

(8)B. 方程有唯一解,说明自由变量的个数 $n-r(\boldsymbol{A})$ 为零,即 $r(\boldsymbol{A})=n$.

(9)A.

$$\begin{aligned}\boldsymbol{AB}-\boldsymbol{BA}&=\begin{pmatrix}1&1\\0&-1\end{pmatrix}\cdot\begin{pmatrix}1&0\\1&1\end{pmatrix}-\begin{pmatrix}1&0\\1&1\end{pmatrix}\cdot\begin{pmatrix}1&1\\0&-1\end{pmatrix}\\&=\begin{pmatrix}2&1\\-1&-1\end{pmatrix}-\begin{pmatrix}1&1\\1&0\end{pmatrix}=\begin{pmatrix}1&0\\-2&-1\end{pmatrix}.\end{aligned}$$

(10)D.

3. (1)$\begin{pmatrix}1&10\\0&1\end{pmatrix}$.

因为 $\boldsymbol{A}^2=\begin{pmatrix}1&1\\0&1\end{pmatrix}\cdot\begin{pmatrix}1&1\\0&1\end{pmatrix}=\begin{pmatrix}1&2\\0&1\end{pmatrix}$,

$\boldsymbol{A}^3=\begin{pmatrix}1&2\\0&1\end{pmatrix}\cdot\begin{pmatrix}1&1\\0&1\end{pmatrix}=\begin{pmatrix}1&3\\0&1\end{pmatrix}$,

…

$$A^{10}=\begin{pmatrix}1&9\\0&1\end{pmatrix}\cdot\begin{pmatrix}1&1\\0&1\end{pmatrix}=\begin{pmatrix}1&10\\0&1\end{pmatrix}.$$

(2) $\begin{pmatrix}3&-1\\-5&2\end{pmatrix}$.

$$\begin{pmatrix}2&1\\5&3\end{pmatrix}^{-1}=\frac{1}{\begin{vmatrix}2&1\\5&3\end{vmatrix}}\begin{pmatrix}3&-1\\-5&2\end{pmatrix}=\begin{pmatrix}3&-1\\-5&2\end{pmatrix}.$$

注意　二阶行列式求解有一个简单口诀:行列式分之一乘以主对角线元素互换,次对角线元素变号的矩阵.

(3) -1.

$$\begin{vmatrix}1&1&0\\1&1&1\\0&1&1\end{vmatrix}\xlongequal{r_1\times(-1)+r_2}\begin{vmatrix}1&1&0\\0&0&1\\0&1&1\end{vmatrix}=\begin{vmatrix}0&1\\1&1\end{vmatrix}=0\times1-1\times1=-1.$$

(4) 12. 因为通过方程组前两个方程就能求出 $x_1=\frac{5}{3}$, $x_2=-\frac{1}{3}$,将其代入第三个方程即可求得 $\lambda=12$.

注意　求解方程组的过程中,一般要求方程的个数小于等于变量的个数,但当方程的个数超过变量的个数时,如果方程式有解,多余的方程必然要与前面的方程相容,不能出现矛盾方程.

(5) -12. 由行列式和矩阵逆的性质可得

$$|-2A^{T}B^{-1}|=(-2)^3|A||B|^{-1}=(-2)^3\times3\times\frac{1}{2}=-12.$$

4. (1) $A=\begin{bmatrix}4&-3&5\\3&1&-2\\1&-4&-3\end{bmatrix}\xrightarrow{r_1-r_2}\begin{bmatrix}1&-4&7\\3&1&-2\\1&-4&-3\end{bmatrix}\xrightarrow[r_3-r_1]{r_2-3r_1}\begin{bmatrix}1&-4&7\\0&13&-23\\0&0&-10\end{bmatrix}$,

则 $r(A)=3$.

(2) $AXB=C\Rightarrow A^{-1}AXBB^{-1}=A^{-1}CB^{-1}\Rightarrow X=A^{-1}CB^{-1}$.

利用初等变换可求 A^{-1} 和 B^{-1} 如下:

$$A^{-1}=\begin{pmatrix}1&4\\-1&2\end{pmatrix}^{-1}=\begin{pmatrix}\frac{1}{3}&-\frac{2}{3}\\\frac{1}{6}&\frac{1}{6}\end{pmatrix},B^{-1}=\begin{pmatrix}2&0\\-1&1\end{pmatrix}^{-1}=\begin{pmatrix}\frac{1}{2}&0\\\frac{1}{2}&1\end{pmatrix}.$$

则 $X=A^{-1}CB^{-1}=\begin{pmatrix}1&1\\\frac{1}{4}&0\end{pmatrix}$.

(3) $(A\vdots b)=\left(\begin{array}{ccc:c}1&1&1&1\\2&3&-1&\lambda\\4&5&\lambda^2&3\end{array}\right)\rightarrow\left(\begin{array}{ccc:c}1&1&1&1\\0&1&-3&\lambda-2\\0&0&\lambda^2-1&1-\lambda\end{array}\right)$

要使方程组无解,需要 $r(A)\neq r(A\vdots b)$,从而需要 $\lambda^2-1=0$ 而 $1-\lambda\neq0\Rightarrow\lambda=-1$,

要使方程组有唯一解,需要 $r(A)=r(A\vdots b)=n$, $\lambda^2-1\neq0\Rightarrow\lambda\neq\pm1$,

要使方程组有无穷多组解，需要 $r(\boldsymbol{A})=r(\boldsymbol{A}\vdots\boldsymbol{b})<n,\lambda^2-1=0,\lambda-1=0\Rightarrow\lambda=1$，

(4)①

$$\boldsymbol{A}=\begin{bmatrix}2&-4&5&3\\3&-6&4&2\\4&-8&17&11\end{bmatrix}\xrightarrow[r_3-2r_1]{r_2-r_1}\begin{bmatrix}2&-4&5&3\\1&-2&-1&-1\\0&0&7&5\end{bmatrix}\xrightarrow{r_1\leftrightarrow r_2}\begin{bmatrix}1&-2&-1&-1\\2&-4&5&3\\0&0&7&5\end{bmatrix}$$

$$\xrightarrow{r_2-2r_1}\begin{bmatrix}1&-2&-1&-1\\0&0&7&5\\0&0&7&5\end{bmatrix}\xrightarrow{r_3-r_2}\begin{bmatrix}1&-2&-1&-1\\0&0&7&5\\0&0&0&0\end{bmatrix}$$

$$\xrightarrow{\frac{1}{7}r_2}\begin{bmatrix}1&-2&-1&-1\\0&0&1&\frac{5}{7}\\0&0&0&0\end{bmatrix}\xrightarrow{r_1+r_2}\begin{bmatrix}1&-2&0&-\frac{2}{7}\\0&0&1&\frac{5}{7}\\0&0&0&0\end{bmatrix}.$$

与之对应的齐次线性方程组为：

$$\begin{cases}x_1-2x_2-\frac{2}{7}x_4=0\\x_3+\frac{5}{7}x_4=0\end{cases},$$

即 $\begin{cases}x_1=2x_2+\frac{2}{7}x_4\\x_3=-\frac{5}{7}x_4\end{cases}$，

也即 $\begin{cases}x_1=2C_1+\frac{2}{7}C_2\\x_2=C_1\\x_3=-\frac{5}{7}C_2\\x_4=C_2\end{cases}$ （其中 C_1,C_2 为任意实数）.

②

$$A=\begin{bmatrix}1&3&3&16\\1&4&3&18\\1&3&4&19\end{bmatrix}\xrightarrow[r_3-r_1]{r_2-r_1}\begin{bmatrix}1&3&3&16\\0&1&0&2\\0&0&1&3\end{bmatrix}$$

$$\xrightarrow{r_1-3r_3}\begin{bmatrix}1&3&0&7\\0&1&0&2\\0&0&1&3\end{bmatrix}\xrightarrow{r_1-3r_2}\begin{bmatrix}1&0&0&1\\0&1&0&2\\0&0&1&3\end{bmatrix}$$

所以有 $\begin{cases}x_1=1\\x_2=2\\x_3=3\end{cases}$.

第7章 线性规划初步

本章归纳与总结

一、内容提要

本章主要介绍线性规划的模型建立,以及利用单纯形法如何求解线性规划问题,同时,介绍了两个特殊结构的线性规划问题的求解,运输问题的图上作业法和分配问题的匈牙利法.

1. 线性规划问题的数学模型

目标函数:$\max(\text{或}\min)S = \sum_{j=1}^{n} c_j x_j$

约束条件:$\begin{cases} \sum_{j=1}^{n} a_{ij}x_j \leqslant (=, \geqslant) b_i \quad (i = 1,2,\cdots,n) \\ x_j \geqslant 0 \quad (j = 1,2,\cdots,n) \end{cases}$

其中,$x_j(j=1,2,\cdots,n)$为决策变量;$a_{ij}(i=1,2,\cdots,m;j=1,2,\cdots,n)$为约束函数的系数;$b_i(i=1,2,\cdots,m)$为约束常数;$c_j(j=1,2,\cdots,n)$为目标函数的系数.

令行向量$\boldsymbol{C}=(c_1,c_2,\cdots,c_n)$,列向量$\boldsymbol{x}=(x_1,x_2,\cdots,x_n)^{\mathrm{T}}$,列向量$\boldsymbol{B}=(b_1,b_2,\cdots,b_m)^{\mathrm{T}}$,矩阵

$$\boldsymbol{A} = \begin{pmatrix} a_{11} & a_{12} & \cdots & a_{1n} \\ a_{21} & a_{22} & \cdots & a_{2n} \\ \vdots & \vdots & & \vdots \\ a_{m1} & a_{m2} & \cdots & a_{mn} \end{pmatrix}$$

则线性规划模型也可以表示为

$$\min(\text{或}\max)S = \boldsymbol{Cx}$$

$$\text{s. t.} \begin{cases} \boldsymbol{Ax} \leqslant (=, \geqslant) \boldsymbol{B} \\ \boldsymbol{x} \geqslant 0 \end{cases}$$

其中,“s. t”是英文“subject to”的缩写,表示“受约束于”的意思.

其标准型为:

$$\min S = \sum_{j=1}^{n} c_j x_j$$

$$\text{s.t.}\begin{cases}\sum_{j=1}^{n} a_{ij}x_j = b_i(i = 1,2,\cdots,n) \\ x_j \geqslant 0(j = 1,2,\cdots,n)\end{cases},其中,b_i \geqslant 0(i = 1,2,\cdots,m).$$

2. 线性规划问题的解的概念

(1)可行解:满足约束条件的一组决策变量的值.

(2)可行域:所有可行解的集合.

(3)最优解:能使目标函数取得最小(大)值的可行解.

(4)最优值:由最优解确定的目标函数值.

(5)对于线性规划问题

$$\min S = \boldsymbol{Cx}$$

$$\text{s.t.}\begin{cases}\boldsymbol{Ax} = \boldsymbol{B} \\ \boldsymbol{x} \geqslant 0\end{cases}$$

其中,$\boldsymbol{C}=(c_1,c_2,\cdots,c_n)$,$\boldsymbol{x}=(x_1,x_2,\cdots,x_n)^{\mathrm{T}}$,$\boldsymbol{B}=(b_1,b_2,\cdots,b_m)^{\mathrm{T}}$,$\boldsymbol{A}=\begin{pmatrix}a_{11} & a_{12} & \cdots & a_{1n} \\ a_{21} & a_{22} & \cdots & a_{2n} \\ \vdots & \vdots & & \vdots \\ a_{m1} & a_{m2} & \cdots & a_{mn}\end{pmatrix}$,矩阵 $\boldsymbol{A}$ 的秩 $r(\boldsymbol{A})=m$.

①**基、基变量与非基变量**:矩阵 $\boldsymbol{A}$ 中任意一个 m 阶的非奇异子阵 $\boldsymbol{B}$ 称为上述线性规划问题的一个**基**,不妨设

$$\boldsymbol{B} = \begin{pmatrix}a_{11} & a_{12} & \cdots & a_{1m} \\ a_{21} & a_{22} & \cdots & a_{2m} \\ \vdots & \vdots & & \vdots \\ a_{m1} & a_{m2} & \cdots & a_{mm}\end{pmatrix} = (p_1,p_2,\cdots,p_m)$$

那么 p_j 对应的变量 $x_j(j=1,2,\cdots,m)$ 称为基变量,而其余的变量 $x_{m+1},x_{m+2},\cdots,x_n$ 称为非基变量.

②**基本解**:对于基 $\boldsymbol{B}=(p_1,p_2,\cdots,p_m)$,在 $\boldsymbol{Ax}=\boldsymbol{B}$ 中,令非基变量全为零,可唯一地确定出一个解 $\boldsymbol{x}=(x_1,x_2,\cdots,x_m,0,\cdots,0)$ 称为上述线性规划问题的一个基本解.

③**基本可行解**:如果基本解 $\boldsymbol{x}$ 又满足非负限制,即 $\boldsymbol{x}\geqslant 0$,则 $\boldsymbol{x}$ 被称为基本可行解.

④**可行基**:基本可行解对应的基称为可行基.

3. 线性规划问题的数学模型标准化

线性规划模型标准式见表 7.1.

表 7.1

	线性规划模型	化为标准式
变量	$x_j \geqslant 0$	不变
	$x_j \leqslant 0$	令 $x_j' = -x_j$,则 $x_j' \geqslant 0$
	x_j 无约束	令 $x_j = x_j' - x_j''$,且 $x_j',x_j'' \geqslant 0$

续表

		线性规划模型	化为标准式
约束条件	右端项	$b_i \geqslant 0$	不变
		$b_i \leqslant 0$	约束条件两端乘以 -1
	形式	$\sum_{j=1}^{n} a_{ij}x_j \leqslant b_i$	$\sum_{j=1}^{n} a_{ij}x_j + x_{si} = b_i$,其中 $x_{si} \geqslant 0$
		$\sum_{j=1}^{n} a_{ij}x_j = b_i$	不变
		$\sum_{j=1}^{n} a_{ij}x_j \geqslant b_i$	$\sum_{j=1}^{n} a_{ij}x_j - x_{si} = b_i$,其中 $x_{si} \geqslant 0$
目标函数	最大或最小	$\max S = \sum_{j=1}^{n} c_jx_j$	令 $S' = -S$,则 $\min S' = \sum_{j=1}^{n} -c_jx_j$
		$\min S = \sum_{j=1}^{n} c_jx_j$	不变
	变量前的系数	加(减)松弛变量 x_s 时	它在目标函数中的系数恒为零,可写也可不写

4. 单纯形法的步骤

第一步:把原线性规划问题化为标准形式.

第二步:确定初始可行基、基变量及非基变量.

第三步:填写单纯形表.

第四步:检验.

为检验 $x^{(0)}$ 是否为最优解,利用行初等变换,将最后一行中目标函数的基变量的系数化为零,如果非基变量的系数(称为检验数,记为 λ_i)皆非负,则 $x^{(0)}$ 是最优解,计算终止. 否则,$x^{(0)}$ 不是最优解,转到下一步.

第五步:换基.

(1)找出所取值为负数的检验数的最小值 λ_j,其所在列称为主列,并确定 λ_j 所在列的非基变量 x_j 为进基变量.

(2)在主列中必有正元素,找出所有正元素,然后分别去除以常数项 b 中对应元素,商中最小者所在的行称为主行,主行对应的基边变量 x_e 就称为离基变量.

(3)用进基变量 x_j 替换离基变量 x_e,利用行初等变换,将主列中主元素化为1,其余元素均化为0,得到新基 B_1、新目标函数及新的基本可行解 $x^{(1)}$.

(4)回到第四步,继续判定最优解是否存在,然后进行新一轮换基,直到达到最优解为止.

5. 分配问题的数学模型

设某组织有 n 项工作和 n 个待分配任务的人,若规定每个人安排一项工作,每项工作由一人承担. 已知第 i 人承担第 j 项工作的效率(或成本等)为 c_{ij},以 x_{ij} 表示第 i 人承担第 j 项工作的情况,取 1 表示担任,取 0 表示未担任. 分配问题的数学模型为:

$$\max(\text{或}\min)\ S = \sum_{i=1}^{n}\sum_{i=1}^{n} c_{ij}$$

$$\text{s.t.}\begin{cases} x_{i1} + x_{i2} + \cdots + x_{in} = 1(i = 1,2,\cdots,n) \\ x_{1j} + x_{2j} + \cdots + x_{nj} = 1(j = 1,2,\cdots,n) \\ x_{ij} = 0 \text{ 或 } 1(i = 1,2,\cdots n;\ j = 1,2,\cdots,n) \end{cases}$$

6. 匈牙利法的步骤

第一步:列出消耗阵. 若分配问题提供的是效率阵,则必须用缩减法化为消耗阵. 若事与人的数量不等,需在消耗阵中添加虚拟行或列(其元素全为0),使之成为一个方阵.

第二步:利用减元法,即各行数值减去其最小元,得简化矩阵.

第三步:纵横划线覆盖0元. 若线数等于矩阵阶数,则进入第五步;否则,需调整.

第四步:调整. 将未覆盖元的最小值作为调整量. 未覆盖元都减去该调整量,交叉处的覆盖元都加上该调整量,得到新简化阵. 然后转入第三步.

第五步:选出矩阵中不同行不同列的0元,令选中位置 $x_{ij}=1$,其他位置 $x_{ij}=0$,得最优分配阵.

注意 最优分配阵可能不唯一,但最优值唯一.

7. 运输问题的数学模型

设某物质有 m 个产地 A_i,可供量分别为 $a_i(i=1,2,\cdots,m)$;有 n 个销地 B_j,销地需求量分别为 $b_j(i=1,2,\cdots,n)$;且总产量等于总销量. 从第 i 个产地 A_i 到第 j 个销地 B_j 运输每单位物质的运价为 c_{ij}. 设 x_{ij}表示从产地 A_i 到销地 B_j 的运量. 则产销平衡的运输问题的数学模型为

$$\min S = \sum_{i=1}^{m}\sum_{j=1}^{n} c_{ij}x_{ij}$$

$$\text{s.t.}\begin{cases} x_{i1} + x_{i2} + \cdots + x_{in} = a_i(i = 1,2,\cdots,m) \\ x_{1j} + x_{2j} + \cdots + x_{nj} = b_j(j = 1,2,\cdots,n) \\ x_{ij} \geqslant 0(i = 1,2,\cdots,m;j = 1,2,\cdots,n) \end{cases}$$

8. 交通图与流向图

(1)交通图.

标明发点、收点及其发量收量和各点之间连线及其距离的图,称为交通图,其中,发点用"○"表示,发量记在"○"之内;收点用"□"表示,收量记在"□"之内;两点之间的线路长度记在交通线路的旁边.

(2)流向图.

标明流量及其流向的交通图,称为流向图. 流量为安排沿连线某方向的运输量,需打上括号及流向,标在连线旁.

9. 对流与迂回

(1)对流.

出现物质在同一线路上往返运输的现象,称为对流. 克服对流的方法是在对流边上"大流减小流,方向从大流".

(2)迂回.

若一个圈上有多个收点和发点,将物质在圈上沿顺时针方向流动的边长之和记为 c_-;沿

逆时针方向流动的边长之和记为 c_+. 当流通图中出现 c_+ 或 c_- 超过圈长一半时,称为迂回.

出现迂回,在圈上要调整. 先选取调整量 $\theta=\min\{$迂回向流量$\}$;调整方法为:迂回向流量 $-\theta$,其他边在反迂回流向 $+\theta$.

(3)最优流向图.

一个流向图中既无对流又无迂回,即为最优流线图,也称为最优运输方案.

10. 图上作业法

(1)无圈交通图的图上作业法.

先满足端点的要求,逐步向中间逼近,直至收点与发点得到全部满足为止,即"端点出发,逐点满足,避免对流,结点平衡".

(2)含圈交通图的图上作业法.

第一步:变有圈为无圈. 丢掉一条边,破去一个圈. 丢边时,往往丢掉圈中长度最大的边.

第二步:在无圈的交通图上作流线图.

第三步:补上丢掉的边,检查有无迂回. 若无迂回,即为最优流向图;否则,进入第四步.

第四步:对方案进行调整. 先选取调整量 $\theta=\min\{$迂回向流量$\}$;调整方法为:迂回向流量 $-\theta$,其他也是反迂回流向 $+\theta$.

二、重点与难点

1. 建立线性规划问题的数学模型,线性规划模型的标准化.
2. 掌握单纯形法原理.
3. 掌握运用单纯形表计算线性规划问题的步骤及解法.
4. 掌握匈牙利法.
5. 掌握运输问题的流向图.
6. 掌握图上作业法.
7. 理解对流和迂回的概念,以及掌握克服对流和迂回的方法.

典型例题解析

例 1　将下列线性规划模型化为标准形式:

$$\max S=-3x_1+4x_2-2x_3+5x_4$$

$$\text{s.t.}\begin{cases}4x_1-x_2+2x_3-x_4\leqslant 14\\-2x_1+3x_2-x_3+2x_4\geqslant 2\\3x_1+x_2+x_3+x_4\leqslant -3\\x_1,x_2\geqslant 0,x_4\leqslant 0,x_3\text{无约束}\end{cases}.$$

解　引入松弛变量 $x_5\geqslant 0,x_6\geqslant 0,x_7\geqslant 0$,令 $S'=-S,x_3=x_3'-x_3''$ 且 $x_3'\geqslant 0,x_3''\geqslant 0,x_4'=-x_4$,则得标准形式如下:

$$\min S'=3x_1-4x_2+2x_3'-2x_3''+5x_4'$$

$$\text{s. t.}\begin{cases}4x_1-x_2+2x_3'-2x_3''+x_4'+x_5=14\\-2x_1+3x_2-x_3'+x_3''-2x_4'-x_6=2\\-3x_1-x_2-x_3'+x_3''+x_4'-x_7=3\\x_1,x_2,x_3',x_3'',x_4',x_5,x_6,x_7\geqslant 0\end{cases}.$$

例 2 一工厂在第一车间用一单位原料 M 可加工成 3 单位产品 A 及 2 单位产品 B,A 可以按每单位 8 元出售,也可以在第二车间继续加工,每单位生产费用要增加 6 元,加工后每单位售价为 16 元;B 可以按每单位 7 元出售,也可以在第三车间继续加工,每单位生产费用要增加 4 元,加工后每单位售价为 12 元. 原料 M 的单位购入价为 2 元. 上述生产费用不包括工资在内. 3 个车间每月最多有 20 万工时,每工时工资 0. 5 元. 每加工 1 单位 M 需 1. 5 工时,如继续加工 A,每单位需 3 工时;如继续加工 B,每单位需 1 工时. 每月最多能得到的原料 M 为 10 万单位. 问如何安排生产,使工厂获利最大? 试建立这个问题的线性规划模型.

解 设 x_1 为 A 的出售数量,x_2 为 A 加工后的出售数量,x_3 为 B 的出售数量,x_4 为 B 加工后的出售数量,x_5 为加工原材料 M 的数量. 于是这个问题的线性规划模型为

$$\max S=8x_1+8.5x_2+7x_3+7.5x_4-2.75x_5$$

$$\text{s. t.}\begin{cases}x_5\leqslant 100\ 000\\3x_2+x_4+1.5x_5\leqslant 200\ 000\\x_1+x_2-3x_5=0\\x_3+x_4-2x_5=0\\x_i\geqslant 0\ (i=1,2,3,4,5)\end{cases}.$$

例 3 用单纯形法求解下列线性规划:

$$\max S=40x_1+45x_2+24x_3$$

$$\text{s. t.}\begin{cases}2x_1+3x_2+x_3\leqslant 100\\3x_1+3x_2+2x_3\leqslant 120\\x_1,x_2,x_3\geqslant 0\end{cases}.$$

解 第一步:先将原问题化为标准形式.

$$\min S'=-40x_1-45x_2-24x_3$$

$$\text{s. t.}\begin{cases}2x_1+3x_2+x_3+x_4=100\\3x_1+3x_2+2x_3+x_5=120\\x_1,x_2,x_3,x_4,x_5\geqslant 0\end{cases}.$$

第二步:确定初始可行基、基变量及非基变量.

初始可行基 $\boldsymbol{B}=\begin{pmatrix}1&0\\0&1\end{pmatrix}$,基变量为 x_4,x_5,非基变量为 x_1,x_2,x_3.

第三步:填写单纯形表(表 7. 2).

表 7.2

变量	常数量	基变量				
		x_1	x_2	x_3	x_4	x_5
x_4	100	2	3	1	1	0
x_5	120	3	3	2	0	1
c	0	-40	-45	-24	0	0

此时，基可行解为$(0,0,0,100,120)^{\mathrm{T}}$，目标函数值为 0.

第四步：检验.

表 7.3

变量	常数量	基变量				
		x_1	x_2	x_3	x_4	x_5
x_4	100	2	3	1	1	0
x_5	120	3	3	2	0	1
c	0	-40	-45	-24	0	0
λ_j	0	-40	-45	-24	0	0

此时的检验数均小于零，该基可行解不是最优解，要进行基的转换.

第五步：换基.

找出所取值为负数的检验数的最小者为 -45，其所在列称为主列，且非基变量 x_2 为进基变量. 因 $\theta=\min\left\{\frac{100}{3},\frac{120}{3}\right\}=\frac{100}{3}$，则 x_4 为离基变量，将 x_2,x_5 相应的列向量通过行初等变换化为单位矩阵，则得一个新的单纯形表（表 7.4）：

表 7.4

变量	常数量	基变量				
		x_1	x_2	x_3	x_4	x_5
x_2	$\frac{100}{3}$	$\frac{2}{3}$	1	$\frac{1}{3}$	$\frac{1}{3}$	0
x_5	20	1	0	1	-1	1
λ_j	1 500	-10	0	-9	15	0

可得新的基可行解为$\left(0,\frac{100}{3},0,0,20\right)^{\mathrm{T}}$，此时检验数 $\lambda_1=-10,\lambda_3=-9$ 均小于零，仍不是最优解，取 x_1 为进基变量. 因 $\theta=\min\left\{\frac{\frac{100}{3}}{\frac{2}{3}},\frac{20}{1}\right\}=\frac{20}{1}$，则 x_5 为离基变量，将 x_1,x_2 相应的列向量通过行初等变换化为单位矩阵，则得一个新的单纯形表：

表 7.5

变量	常数量	基变量				
		x_1	x_2	x_3	x_4	x_5
x_2	20	0	1	$-\frac{1}{3}$	1	$-\frac{2}{3}$
x_1	20	1	0	1	-1	1
λ_j	1 700	0	0	1	5	10

现在所有检验数均大于等于零,这个积可行解$(20,20,0,0,0)^{\mathrm{T}}$是最优解,原问题最优值为$40\times20+45\times20+24\times0=1\ 700$.

例 4 用单纯形方法解线性规划问题:

$$\min S=-x_1-\frac{18}{5}x_2+\frac{2}{5}x_3-\frac{1}{5}x_4,$$

$$\text{s.t.}\begin{cases}x_1-x_2+x_3=2\\-3x_1+x_2+x_4=4\\x_1,x_2,x_3,x_4\geqslant 0\end{cases}.$$

解 此线性规划问题为标准型,其中约束方程含有一个二阶单位矩阵(1、2 行,3、4 列构成),取x_3,x_4为基变量,而目标函数没有非基化. 从约束条件中找出

$$x_3=2-x_1+x_2,x_4=4+3x_1-x_2$$

代入目标函数

$$S=-x_1-\frac{18}{5}x_2+\frac{2}{5}(2-x_1+x_2)-\frac{1}{5}(4+3x_1-x_2)=-2x_1-3x_2$$

经整理后,线性规划问题化为

$$\min S=-2x_1-3x_2$$

$$\text{s.t.}\begin{cases}x_1-x_2+x_3=2\\-3x_1+x_2+x_4=4\\x_1,x_2,x_3,x_4\geqslant 0\end{cases}.$$

作单纯形表(表 7.6),并进行换基迭代.

表 7.6

变量	常数量	基变量			
		x_1	x_2	x_3	x_4
x_3	2	1	-1	1	0
x_4	4	-3	1	0	1
c	0	-2	-3	0	0
λ_j	0	-2	-3	0	0

x_2 为进基变量,x_4 为离基变量.

表 7.7

变量	常数量	基变量			
		x_1	x_2	x_3	x_4
x_3	6	-2	0	1	1
x_2	4	-3	1	0	1
λ_j	12	-11	0	0	3

由于检验数 $\lambda_1=-11$，其所在的主列(即第一列)无正元素，故该问题无最优解.

例 5　学生 A,B,C,D 的各门课成绩见表 7.8，该四名学生被派去参加各门课的单项竞赛. 竞赛同时举行，故每人只能参加一项. 若以他们以往的成绩(每门课的满分为 100 分)作为选派依据，应如何分派最为有利.

表 7.8

	数学	物理	化学	英语
A	89	92	68	81
B	87	88	65	78
C	95	70	85	72
D	75	78	89	96

解　由表 7.8 可构造出效率阵

$$\boldsymbol{C}=\begin{pmatrix}89 & 92 & 68 & 81\\87 & 88 & 65 & 78\\95 & 70 & 85 & 72\\75 & 78 & 89 & 96\end{pmatrix}.$$

每人每门课程失分$(100-c_{ij})$情况，可以依据失分总和最少来指派四名学生参赛，于是得消耗阵

$$\boldsymbol{M}=\begin{pmatrix}11 & 8 & 32 & 19\\13 & 12 & 35 & 22\\5 & 30 & 15 & 28\\25 & 22 & 11 & 4\end{pmatrix},$$

消耗阵 M 每一行减去其最小元

$$\boldsymbol{M}_1=\begin{pmatrix}3 & 0 & 24 & 11\\1 & 0 & 23 & 10\\0 & 25 & 10 & 23\\21 & 18 & 7 & 0\end{pmatrix},$$

矩阵 $\boldsymbol{M}_1$ 每一列减去其最小元

$$\boldsymbol{M}_2=\begin{pmatrix}3 & 0 & 17 & 11\\1 & 0 & 16 & 10\\0 & 25 & 3 & 23\\21 & 18 & 0 & 0\end{pmatrix},$$

因线数小于矩阵阶数,需调整.找出未覆盖元的最小值为3.未覆盖元减3,交叉覆盖元加3,得新矩阵

$$M_3=\begin{pmatrix}3&0&14&8\\1&0&13&7\\0&25&0&20\\24&21&0&0\end{pmatrix},$$

因线数小于矩阵阶数,需调整.找出未覆盖元的最小值为1.未覆盖元减1,交叉覆盖元加1,得新矩阵

$$M_4=\begin{pmatrix}2&0&13&7\\0&0&12&6\\0&26&0&20\\24&22&0&0\end{pmatrix},$$

此时,线数等于矩阵的阶数.选出矩阵中不同行不同列的0元,将其位置用1代替,其他位置用0代替,得最优解方阵.

$$X_{优}=\begin{pmatrix}0&1&0&0\\1&0&0&0\\0&0&1&0\\0&0&0&1\end{pmatrix}.$$

即指派方案为:由A参加物理竞赛,B参加数学竞赛,C参加化学竞赛,D参加英语竞赛,总得分为$92+87+85+96=360$.

例6 现有A,B,C,D,E 5个人完成甲、乙、丙、丁等4项工作任务,由于个人和技术专长不同,他们完成4项任务所消耗的时长见表7.9,且规定每个人只能做一项工作,一项工作任务只需一人操作,试求使总耗时最小的分配方案.

表7.9

	甲	乙	丙	丁
A	3	5	4	5
B	6	7	6	8
C	8	9	8	8
D	10	10	9	11
E	12	11	10	12

解 此问题是一个人多事少的分配问题,需添加虚拟的工作任务"戊",并设其消耗时长为0,则可构造出消耗阵

$$M=\begin{pmatrix}3&5&4&5&0\\6&7&6&8&0\\8&9&8&8&0\\10&10&9&11&0\\12&11&10&12&0\end{pmatrix},$$

消耗阵M每一列减去其最小元

$$M_1 = \begin{pmatrix} 0 & 0 & 0 & 0 & 0 \\ 3 & 2 & 2 & 3 & 0 \\ 5 & 4 & 4 & 3 & 0 \\ 7 & 5 & 5 & 6 & 0 \\ 9 & 6 & 6 & 7 & 0 \end{pmatrix},$$

因线数小于矩阵阶数,需调整. 找出未覆盖元的最小值为 2. 未覆盖元减 2,交叉覆盖元加 2,得新矩阵

$$M_2 = \begin{pmatrix} 0 & 0 & 0 & 0 & 2 \\ 1 & 0 & 0 & 1 & 0 \\ 3 & 2 & 2 & 1 & 0 \\ 5 & 3 & 3 & 4 & 0 \\ 7 & 4 & 4 & 5 & 0 \end{pmatrix},$$

因线数小于矩阵阶数,需调整. 找出未覆盖元的最小值为 1. 未覆盖元减 1,交叉覆盖元加 1,得新矩阵

$$M_3 = \begin{pmatrix} 0 & 0 & 0 & 0 & 3 \\ 1 & 0 & 0 & 1 & 1 \\ 2 & 1 & 1 & 0 & 1 \\ 4 & 2 & 2 & 3 & 0 \\ 6 & 3 & 3 & 4 & 0 \end{pmatrix},$$

因线数小于矩阵阶数,需调整. 找出未覆盖元的最小值为 1. 未覆盖元减 1,交叉覆盖元加 1,得新矩阵

$$M_4 = \begin{pmatrix} 0 & 0 & 0 & 1 & 4 \\ 1 & 0 & 0 & 2 & 2 \\ 1 & 0 & 0 & 0 & 1 \\ 3 & 1 & 1 & 3 & 0 \\ 5 & 2 & 2 & 4 & 0 \end{pmatrix},$$

因线数小于矩阵阶数,需调整. 找出未覆盖元的最小值为 1. 未覆盖元减 1,交叉覆盖元加 1,得新矩阵

$$M_5 = \begin{pmatrix} 0 & 0 & 0 & 1 & 5 \\ 1 & 0 & 0 & 2 & 3 \\ 1 & 0 & 0 & 0 & 2 \\ 2 & 0 & 0 & 2 & 0 \\ 4 & 1 & 1 & 3 & 0 \end{pmatrix},$$

此时,线数等于矩阵的阶数. 选出矩阵中不同行不同列的 0 元,将其位置用 1 代替,其他位置用 0 代替,得最优解方阵

$$X_{优} = \begin{pmatrix} 1 & 0 & 0 & 0 & 0 \\ 0 & 1 & 0 & 0 & 0 \\ 0 & 0 & 0 & 1 & 0 \\ 0 & 0 & 1 & 0 & 0 \\ 0 & 0 & 0 & 0 & 1 \end{pmatrix}.$$

即指派方案为:A 做甲项工作,B 做乙项工作,C 做丁项工作,D 做丙项工作,总消耗时间为 $3+7+8+9=27$.

例 7 求下列交通图的最优流向图.

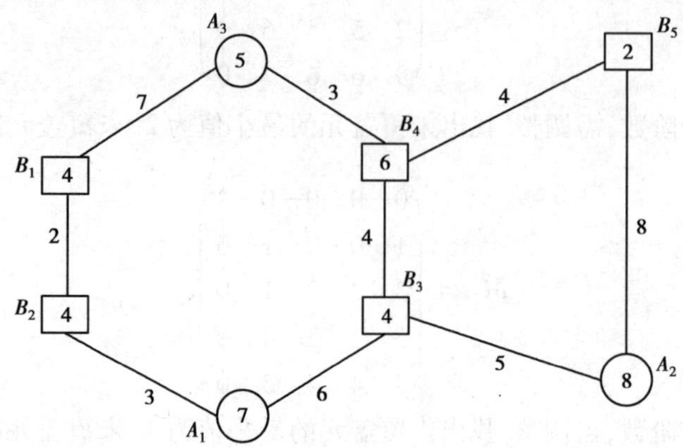

图 7.1

解 第一步:破圈.该交通图含有 2 个圈.需将 2 个圈中各自最长的边丢掉.

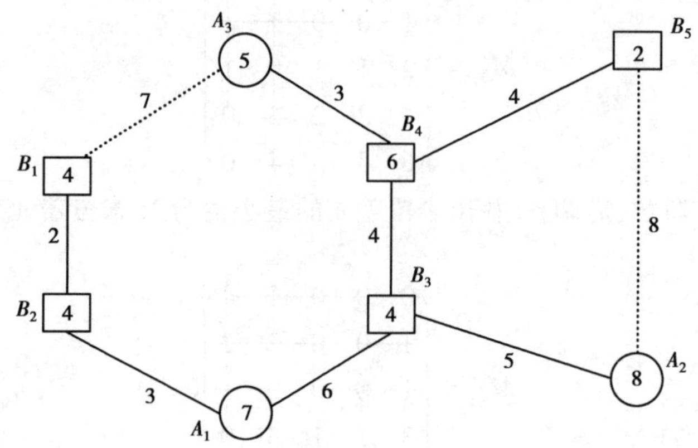

图 7.2

第二步:利用无圈交通图的图上作业法,得一流向图.

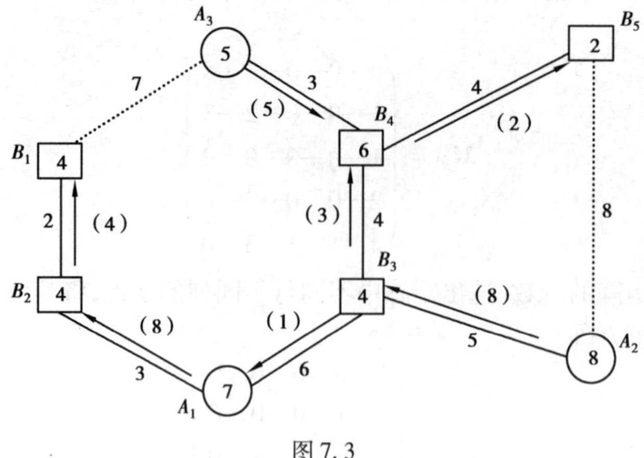

图 7.3

第三步:检验.在圈 $A_2B_3B_4B_5$ 中,圈长 $c=8+5+4+4=21$,$c_+=0$,$c_-=4+4+5=13>\frac{21}{2}$,

故有迂回,需调整.

第四步:调整. 将有迂回的圈 $A_2B_3B_4B_5$ 中找到最小流的边 B_4B_5,丢掉此边,并补上原来丢掉的边 A_2B_5. 在此交通图上作新的流通图.

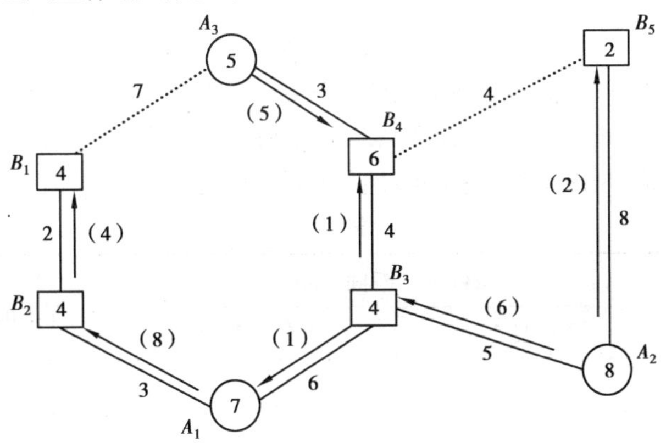

图 7.4

第五步:对新的流向图进行检验. 在圈 $B_1B_2A_1B_3B_4A_3$ 中,圈长 $c=2+3+6+4+3+7=25$, $c_-=6+3+2+3=14>\frac{25}{2}$, $c_+=4<\frac{25}{2}$,故有迂回,需调整.

第六步:调整. 在有迂回的圈 $B_1B_2A_1B_3B_4A_3$ 中找到最小流的边 A_1B_3,丢掉此边,并补上原来丢掉的边 A_3B_1. 在此交通图上作新的流通图.

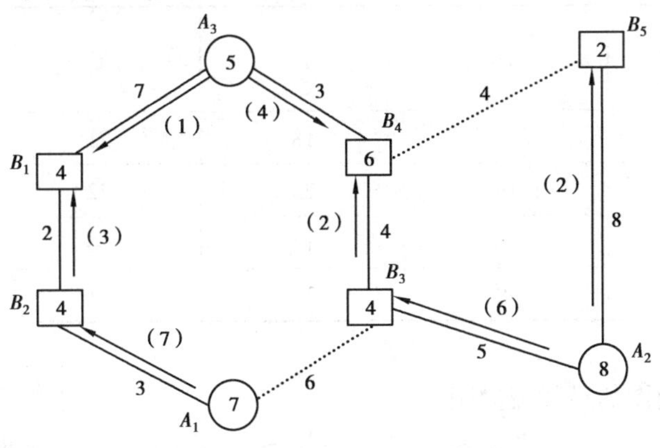

图 7.5

第七步:检验。此时流向图中无迂回现象。此图即为最优流向图, $\min S=7\times3+3\times2+7\times1+3\times4+4\times2+5\times6+2\times8=100$.

本章测试题及解答

本章测试题

1. 用单纯形法求解线性规划问题:

$$\max S = x_1 + 3x_2$$

$$\text{s. t.}\begin{cases}x_1 \leqslant 5\\x_1 + 2x_2 \leqslant 10\\x_2 \leqslant 4\\x_1, x_2 \geqslant 0\end{cases}$$

2. 某企业的两种产品要经过两种不同的工序加工,各种产品每一件在各工序上所需加工时间、每天各工序的加工能力和每一种产品的单位利润见表 7. 10. 为使总利润最大,问企业应该如何安排生产?只需列出这个问题的线性规划模型.

表 7. 10

工序	每件加工时间/min		加工能力/($\text{min} \cdot \text{d}^{-1}$)
	产品 1	产品 2	
1	1	2	430
2	3	1	460
每件利润/元	3	2	

3. 有 4 名工人,要指派他们分别完成 4 项工作,每人做各项工作所消耗的时间见表 7. 11,问指派哪个人去完成哪项工作,可使总的消耗时间为最少?

表 7. 11

工人 / 工作	*A*	*B*	*C*	*D*
甲	15	18	21	24
乙	19	23	22	18
丙	26	17	16	19
丁	19	21	23	17

4. 画出下列交通图的最优流向图.

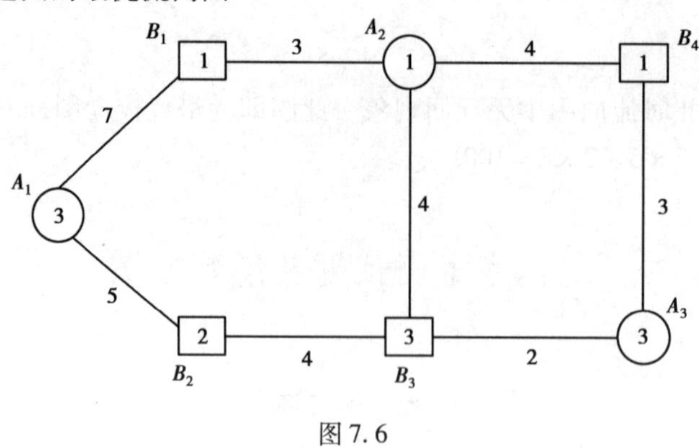

图 7. 6

本章测试题解答

1. 先将原问题化为标准形式

$$\min S' = -x_1 - 3x_2$$

$$\text{s.t.}\begin{cases} x_1 + x_3 = 5 \\ x_1 + 2x_2 + x_4 = 10 \\ x_2 + x_5 = 4 \\ x_1, x_2, x_3, x_4, x_5 \geqslant 0 \end{cases},$$

初始可行基 $B=\begin{pmatrix}1 & 0 & 0\\ 0 & 1 & 0\\ 0 & 0 & 1\end{pmatrix}$,基变量为 x_3, x_4, x_5,非基变量为 x_1, x_2.

填写单纯形表 7.2—表 7.14.

表 7.12

变量	常数量	基变量				
		x_1	x_2	x_3	x_4	x_5
x_3	5	1	0	1	0	0
x_4	10	1	2	0	1	0
x_5	4	0	1	0	0	1
c	0	-1	-3	0	0	0
λ_j	0	-1	-3	0	0	0

x_2 为进基变量,x_5 为离基变量.

表 7.13

变量	常数量	基变量				
		x_1	x_2	x_3	x_4	x_5
x_3	5	1	0	1	0	0
x_4	2	1	0	0	1	-2
x_2	4	0	1	0	0	1
λ_j	12	-1	0	0	0	3

x_1 为进基变量,x_4 为离基变量.

表 7.14

变量	常数量	基变量				
		x_1	x_2	x_3	x_4	x_5
x_3	3	0	0	1	-1	2
x_1	2	1	0	0	1	-2
x_2	4	0	1	0	0	1
λ_j	14	0	0	0	1	1

现在所有检验数均大于等于0,这个基可行解$(2,4,3,0,0)^T$是最优解,原问题的最优解为$2+3\times4=14$.

2. 设x_i分别为产品i的产量,模型为

$$\max Z = 3x_1 + 2x_2$$

$$\text{s.t.}\begin{cases}x_1 + 2x_2 \leqslant 430\\3x_1 + x_2 \leqslant 460\\x_1,x_2 \geqslant 0,\text{且}\ x_1,x_2\ \text{为整数}\end{cases}.$$

3. 由表7.11,构造出消耗阵

$$\boldsymbol{M} = \begin{pmatrix}15 & 18 & 21 & 24\\19 & 23 & 22 & 18\\26 & 17 & 16 & 19\\19 & 21 & 23 & 17\end{pmatrix},$$

消耗阵$\boldsymbol{M}$每一行减去其最小元

$$\boldsymbol{M}_1 = \begin{pmatrix}0 & 3 & 6 & 9\\1 & 5 & 4 & 0\\10 & 1 & 0 & 3\\2 & 4 & 6 & 0\end{pmatrix},$$

矩阵$\boldsymbol{M}_1$每一列减去其最小元

$$\boldsymbol{M}_2 = \begin{pmatrix}0 & 2 & 6 & 9\\1 & 4 & 4 & 0\\10 & 0 & 0 & 3\\2 & 3 & 6 & 0\end{pmatrix},$$

因线数小于矩阵阶数,需调整. 找出未覆盖元的最小值为1. 未覆盖元减1,交叉覆盖元加1,得新矩阵

$$\boldsymbol{M}_3 = \begin{pmatrix}0 & 2 & 6 & 10\\0 & 3 & 3 & 0\\10 & 0 & 0 & 4\\1 & 2 & 5 & 0\end{pmatrix},$$

因线数小于矩阵阶数,需调整. 找出未覆盖元的最小值为2. 未覆盖元减2,交叉覆盖元加2,得新矩阵

$$\boldsymbol{M}_4 = \begin{pmatrix}0 & 0 & 4 & 10\\0 & 1 & 1 & 0\\12 & 0 & 0 & 6\\1 & 0 & 3 & 0\end{pmatrix},$$

此时,线数等于矩阵的阶数. 选出矩阵中不同行不同列的0元,将其位置用1代替,其他位置用0代替,得最优解方阵

$$X_{优} = \begin{pmatrix} 0 & 1 & 0 & 0 \\ 1 & 0 & 0 & 0 \\ 0 & 0 & 1 & 0 \\ 0 & 0 & 0 & 1 \end{pmatrix}.$$

即指派方案为:A 由乙做,B 由甲做,C 由丙做,D 由丁做,总消耗时间为 $18+19+16+17=70$.

4. 第一步:破圈. 该交通图 7.7 含有两个圈. 需将两个圈中各自最长的边丢掉.

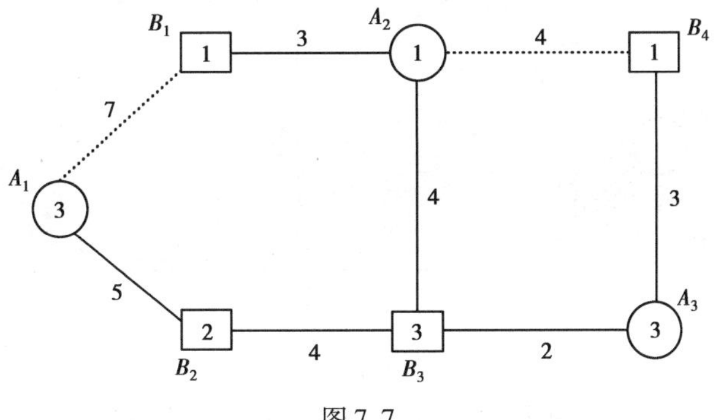

图 7.7

第二步:利用无圈交通图的图上作业法,得一流向图 7.8.

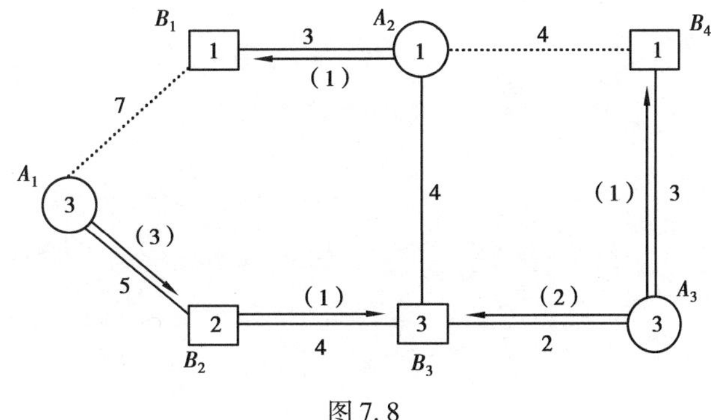

图 7.8

第三步:检验. 在圈 $A_1B_1A_2B_3B_2$ 中,圈长 $c=7+5+3+4+4=23$,$c_-=0$,$c_+=3+4+5=12>\frac{23}{2}$,故有迂回,需调整.

第四步:调整. 在有迂回的圈 $A_1B_1A_2B_3B_2$ 中找到最小流的边 B_1A_2,丢掉此边,并补上原来丢掉的边 A_1B_1. 在此交通图上作新的流通图 7.9.

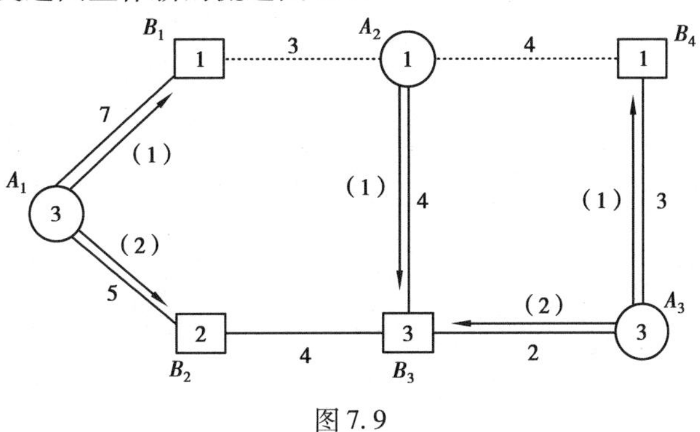

图 7.9

第五步:对新的流向图进行检验.在圈 $A_2B_3A_3B_4$ 中,圈长 $c=2+3+4+4=13$,$c_-=3+4=7>\frac{13}{2}$,$c_+=2<\frac{13}{2}$,故有迂回,需调整.

第六步:调整.在有迂回的圈 $A_2B_3A_3B_4$ 中找到最小流的边 A_3B_3,丢掉此边,并补上原来丢掉的边 A_2B_4.在此交通图上作新的流通图7.10.

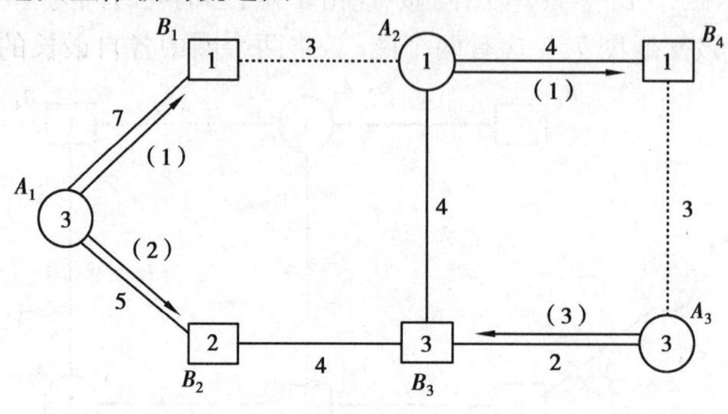

图 7.10

第七步:检验.此时流向图中无迂回现象.此图即为最优流向图,min $S=7\times1+5\times2+3\times2+4\times1=27$.

第 8 章 概率初步

本章归纳与总结

一、内容提要

本章主要介绍随机事件的概念、样本空间的概念、事件之间的关系与运算、概率的定义、性质、计算；条件概率的概念、概率的乘法公式、全概率公式、贝叶斯公式、事件的独立性概念 、伯努利概型及其计算；离散型随机变量的概率分布；连续型随机变量及其概率密度的概念、性质、应用；随机变量的数学期望、方差的概念、性质、计算及应用.

1. 随机事件

(1)随机试验.

具有下列三个特性的试验称为随机试验：

①试验可以在相同的条件下重复地进行；

②每次试验的可能结果不止一个，但事先知道每次试验所有可能的结果；

③每次试验前不能确定哪一个结果会出现.

(2)随机事件.

在随机试验中，把一次试验中可能发生也可能不发生，而在大量重复试验中却呈现某种规律性的事情称为随机事件(简称事件). 通常把必然事件(记作 Ω)与不可能事件(记作 Φ)看作特殊的随机事件；随机事件又分为基本事件、复合事件、必然事件和不可能事件.

2. 随机事件的关系及运算

(1)包含. 若事件 A 发生，一定导致事件 B 发生，那么，称事件 B 包含事件 A，记作 $A\subset B$ (或 $B\supset A$).

(2)相等. 若两事件 A 与 B 相互包含，即 $A\subset B$ 且 $B\subset A$，那么，称事件 A 与 B 相等，记作 $A=B$.

(3)和事件. “事件 A 与事件 B 中至少有一个发生”这一事件称为 A 与 B 的和事件，记作 $A\cup B$；“n 个事件 $A_1,A_2,\cdots,A_n$ 中至少有一个事件发生”这一事件称为 $A_1,A_2,\cdots,A_n$ 的和，记作

$A_1 \cup A_2 \cup \cdots \cup A_n$(简记为$\bigcup\limits_{i=1}^{n} A_i$).

(4)积事件."事件A与事件B同时发生"这一事件称为A与B的积事件,记作$A \cap B$(简记为AB);"n个事件$A_1,A_2,\cdots,A_n$同时发生"这一事件称为$A_1,A_2,\cdots,A_n$的积事件,记作$A_1 \cap A_2 \cap \cdots \cap A_n$(简记为$A_1A_2\cdots A_n$或$\bigcap\limits_{i=1}^{n} A_i$).

(5)互不相容.若事件A和B不能同时发生,即$AB=\Phi$,那么称事件A与B互不相容(或互斥),若n个事件$A_1,A_2,\cdots,A_n$中任意两个事件不能同时发生,即$A_iA_j=\Phi(1 \leqslant i<j \leqslant n)$,那么,称事件$A_1,A_2,\cdots,A_n$互不相容.

(6)对立事件.若事件A和B互不相容,且它们中必有一个事件发生,即$AB=\Phi$且$A \cup B=\Omega$,那么,称A与B是对立事件.事件A的对立事件记作$\overline{A}$.

(7)差事件.若事件A发生且事件B不发生,那么,称这个事件为事件A与B的差事件,记作$A-B$(或$A\overline{B}$).

(8)交换律.对任意两个事件A,B有

$$A \cup B=B \cup A, AB=BA.$$

(9)结合律.对任意三个事件A,B,C有

$$A \cup (B \cup C)=(A \cup B) \cup C, A \cap (B \cap C)=(A \cap B) \cap C.$$

(10)德·摩根(De Morgan)法则.对任意事件A,B有

$$\overline{A \cup B}=\overline{A} \cap \overline{B}, \overline{A \cap B}=\overline{A} \cup \overline{B}.$$

3.随机事件的概率

(1)古典概率.设在古典概型中,基本事件的总数为n个,随机事件A包含其中的m个基本事件,则A事件发生的概率为$P(A)=\dfrac{m}{n}$.

(2)几何概率.若每个事件发生的概率只与构成该事件区域的长度(面积或体积或度数)成比例,则称这样的概率模型为几何概率模型,简称几何概型.

在几何概型中,事件A发生的概率为$P(A)=$构成事件A的区域长度(面积或体积)/试验的全部结果所构成的区域长度(面积或体积).

(3)概率的性质.

①$P(\Phi)=0$.

②(有限可加性)设n个事件$A_1,A_2,\cdots,A_n$两两互不相容,则有

$$P(A_1 \cup A_2 \cup \cdots \cup A_n)=\sum_{i=1}^{n} P(A_i).$$

③对于任意一个事件A,$P(\overline{A})=1-P(A)$.

④若事件A,B满足$A \subset B$,则有$P(B-A)=P(B)-P(A)$.

⑤对于任意一个事件A,有$P(A) \leqslant 1$.

⑥(加法公式)对于任意两个事件A,B,有

$$P(A \cup B)=P(A)+P(B)-P(AB).$$

4.条件概率与乘法公式

(1)条件概率.

设A与B是两个事件.在事件B发生的条件下事件A发生的概率称为条件概率,记作$P(A \mid B)$.当$P(B)>0$,$P(A \mid B)=\dfrac{P(AB)}{P(B)}$.

(2)乘法公式.

对于任意两个事件A,B,当$P(A)>0,P(B)>0$时,有

$$P(AB)=P(A|B)P(B)=P(B|A)P(A).$$

5. 贝叶斯公式

若事件$A_1,A_2,\cdots,A_n$构成一个完备事件组,则对任一事件B,当$P(B)>0$时,有

$$P(A_k|B)=\frac{P(A_k)P(B|A_k)}{\sum_{i=1}^{n}P(A_i)P(B|A_i)},k=1,2,\cdots,n.$$

6. 事件的独立性

如果事件A,B满足$P(AB)=P(A)P(B)$,称事件A与事件B相互独立.

注意　下列四个命题是等价的:

(1)事件A与事件B相互独立;

(2)事件A与事件$\overline{B}$相互独立;

(3)事件$\overline{A}$与事件B相互独立;

(4)事件$\overline{A}$与事件$\overline{B}$相互独立.

7. 伯努利定理

设在每次试验中,事件A发生的概率$P(A)=p(0<p<1)$,则在n次重复独立试验中,事件A恰发生k次的概率为

$$P_n(k)=\binom{n}{k}p^k(1-p)^{n-k},k=0,1,\cdots,n.$$

8. 随机变量

(1)随机变量的定义.

用来表示随机试验结果的变量,它的取值随着试验结果的不同而变化,当试验结果确定后,它的取值就相应确定.

(2)随机变量的特点.

①随着试验的重复,它可以取不同的值;

②每次试验究竟取什么值才带有随机性;

③所取的每一个值,都对应于随机试验的某一结果.

(3)随机变量的分类.

根据随机变量的取值是否可以列举,随机变量分为离散型随机变量与连续型随机变量.

9. 离散型随机变量的概率分布

(1)离散型随机变量.

如果随机变量X仅可能取有限个或可列无限多个值,则称X为离散型随机变量.

(2)离散型随机变量的分布列.

设$x_i(i=1,2,\cdots)$为离散型随机变量X的所有可能值,而X取值X_i的概率为p_i则

$$P(x=x_i)=p_i,i=1,2,\cdots$$

称离散型随机变量X的分布列.

(3)离散型随机变量分布列的性质.

①$p_i\geqslant 0,i=1,2,\cdots,n,\cdots$;②$\sum_{i=1}^{\infty}p_i=1$.

10. 常用离散型随机变量的分布

(1)0—1 分布.

它的分布列为$P(X=i)=p^i(1-p)^{1-i}$,其中,$i=0$或1,$0<p<1$,记作$X\sim B(1,p)$.

注意 0—1 分布也称两点分布,特点是试验只有两个结果,如产品是否合格,抛掷硬币等.

(2)二项分布.

它的分布列为$P(X=i)=\binom{n}{i}p^i(1-p)^{n-i}$,$i=0,1,\cdots,n$,其中,$0<p<1$,记作$X\sim B(n,p)$.

注意 二项分布的实际背景是伯努利概型,而两点分布是二项分布当$n=1$时的特例.

(3)泊松分布.

它的分布列为$P(X=i)=\frac{\lambda^i}{i!}e^{-\lambda}$,$i=0,1,2,\cdots$,$\lambda>0$,记作$X\sim P(\lambda)$.

(4)几何分布.

它的分别列为$P(X=i)=p(1-p)^{i-1}$,$i=1,2,\cdots$,$0<p<1$,记作$X\sim G(p)$.

11. 分布函数

(1)分布函数的定义.

设X为一随机变量,称$F(x)=P(X\leqslant x)(-\infty<x<+\infty)$为随机变量$X$的分布函数.

注意 分布函数在点x的函数值就是随机变量落在区间$(-\infty,x]$内的概率,而对于任意实数$a<b$,有

$$P(a<X\leqslant b)=P(X\leqslant b)-P(X\leqslant a)=F(b)-F(a).$$

(2)分布函数的性质.

①$0\leqslant F(x)\leqslant 1(-\infty<x<+\infty)$;

②在整个定义域内,$F(x)$是单调不减的函数;

③$F(-\infty)=0$,$F(+\infty)=1$;

④$F(x)$右连续.

12. 连续型随机变量及其分布

(1)连续型随机变量的密度函数.

设随机变量X的分布函数为$F(x)$,如果存在一个非负函数$f(x)$,对任意实数x,都有$F(x)=\int_{-\infty}^{x}f(x)\mathrm{d}x$成立,函数$f(x)$称为连续型随机变量$X$的概率密度.

(2)连续型随机变量的概率密度$f(x)$的性质.

①$f(x)\geqslant 0(-\infty<x<+\infty)$;

②$\int_{-\infty}^{+\infty}f(x)\mathrm{d}x=1$;

③对于任意实数$x_1,x_2(x_1\leqslant x_2)$,有$P(x_1<X\leqslant x_2)=F(x_1)-F(x_2)=\int_{x_1}^{x_2}f(x)\mathrm{d}x$;

④若$f(x)$在点x处连续,则$F'(x)=f(x)$.

(3)常用的连续型随机变量的分布.

①均匀分布. 若连续型随机变量的概率密度为

$$f(x)=\begin{cases}\dfrac{1}{b-a} & a<x<b\\ 0 & \text{其他}\end{cases},$$

其中，$-\infty<a<b<+\infty$，则称 X 在区间 $[a,b]$ 上服从均匀分布，记作 $X\sim U(a,b)$.

②指数分布. 若连续型随机变量的概率密度为

$$f(x)=\begin{cases}\lambda e^{-\lambda x} & x>0\\ 0 & \text{其他}\end{cases},$$

其中，$\lambda>0$，则称 X 服从参数 λ 的指数分布，记作 $X\sim e(\lambda)$.

③正态分布. 若连续型随机变量的概率密度为

$$f(x)=\frac{1}{\sqrt{2\pi}\sigma}e^{-\frac{(x-\mu)^2}{2\sigma^2}}(-\infty<x<+\infty),$$

其中，μ,σ 均为常数，$\sigma>0$，则称 X 服从参数为 μ,σ 的正态分布，记作 $X\sim N(\mu,\sigma^2)$.

特别地，当 $\mu=0,\sigma=1$ 时，称 X 服从标准正态分布，它的概率密度为

$$f(x)=\frac{1}{\sqrt{2\pi}}e^{-\frac{x^2}{2}}(-\infty<x<+\infty),$$

标准正态分布的分布函数记作 $\Phi(x)$.

13. 随机变量的数学期望

(1)离散型随机变量的数学期望.

设 X 是离散型随机变量，其分布列为 $P(X=x_i)=p_i,i=1,2,\cdots$，则把 $\sum\limits_{i=1} x_ip_i$ 称为离散型随机变量 X 的数学期望，记作 $E(X)$，即

$$E(X)=x_1p_1+x_2p_2+\cdots.$$

(2)连续型随机变量的数学期望.

设 X 是连续型随机变量，其概率密度为 $f(x)$，如果广义积分 $\int_{-\infty}^{+\infty}xf(x)\,dx$ 绝对收敛，则定义 X 的数学期望为

$$E(X)=\int_{-\infty}^{+\infty}xf(x)\,dx.$$

(3)数学期望的性质.

①$E(c)=c$，(其中 c 为常数)；

②$E(kX+b)=kE(X)+b$，(k,b 为常数)；

③$E(X+Y)=E(X)+E(Y)$；

④如果 X 与 Y 相互独立，则 $E(XY)=E(X)E(Y)$.

14. 随机变量的方差与标准差

(1)方差的定义.

设 X 是随机变量，若 $E[X-E(X)]^2$ 存在，则称它为随机变量 X 的方差，记作 $D(X)$，即 $D(X)=E[X-E(X)]^2$.

(2)方差的计算.

①若 X 为离散型随机变量，则方差 $D(X)=\sum\limits_{k=1}[x_k-E(X)]^2p_k$；

②若 X 为连续型随机变量,则方差 $E(X)=\int_{-\infty}^{+\infty}[x-E(X)]^2 f(x)\mathrm{d}x$;

③计算方差常用公式,$D(X)=E(X^2)-[E(X)]^2$.

(3)方差的性质.

①$D(c)=0$(c 为常数);

②$D(kX)=k^2D(X)$(k 为常数);

③如果 X 与 Y 相互独立,则 $D(X\pm Y)=D(X)+D(Y)$.

15. 常用分布的数字特征

(1)当 X 服从二项分布 $B(n,p)$ 时,$E(X)=np$,$D(X)=np(1-p)$.

(2)当 X 服从泊松分布 $P(\lambda)$ 时,$E(X)=\lambda$,$D(X)=\lambda$.

(3)当 X 服从区间(a,b)上均匀分布时,$E(X)=\dfrac{a+b}{2}$,$D(X)=\dfrac{(b-a)^2}{12}$.

(4)当 X 服从参数为 λ 的指数分布时,$E(X)=\dfrac{1}{\lambda}$,$D(X)=\dfrac{1}{\lambda^2}$.

(5)当 X 服从正态分布 $N(\mu,\sigma^2)$ 时,$E(X)=\mu$,$D(X)=\sigma^2$.

二、重点与难点

1. 随机事件的概率计算.
2. 离散型随机变量的概率分布及常用的概率分布.
3. 连续型随机变量的概率分布及常用的概率分布.
4. 随机变量的数学期望的定义、性质及应用.
5. 随机变量的方差的定义、性质及应用.
6. 常用分布的数学期望和方差.

典型例题解析

例 1 某人连续投篮 3 次,设 A_i 表示"第 i 次投篮命中"($i=1,2,3$). 试用 A_i 表示下列事件.

(1)3 次投篮均未命中; (2)只有第一次投篮命中;

(3)3 次投篮都命中; (4)至少投篮命中一次;

(5)3 次中恰有一次投篮命中.

解 (1)3 次投篮均未命中,即,第 1 次没命中,表示为$\overline{A_i}$,第 2 次没命中,表示为$\overline{A_2}$,第 3 次没命中,表示为$\overline{A_3}$,三个事件同时发生,表示为$\overline{A_1}\ \overline{A_2}\ \overline{A_3}$.

(2)只有第一次投篮命中,即,第 1 次命中,表示为 A_1,第 2 次没命中,表示为$\overline{A_2}$,第 3 次没命中,表示为$\overline{A_3}$,三个事件同时发生,表示为 $A_1\ \overline{A_2}\ \overline{A_3}$.

(3)3 次投篮都命中 ,即第 1 次命中,表示为 A_1,第 2 次命中,表示为 A_2,第 3 次命中,表示为 A_3,三个事件同时发生,表示为 $A_1A_2A_3$.

(4)至少投篮命中 1 次 ,$A_1\cup A_2\cup A_3$.

(5) 因为 3 次中恰有一次投篮命中，包括三种情况：只有第 1 次命中 $A_1\overline{A_2}\,\overline{A_3}$，只有第 2 次命中 $A_2\overline{A_1}\,\overline{A_3}$，只有第 3 次命中 $A_3\overline{A_2}\,\overline{A_1}$，所以，3 次中恰有一次投篮命中表示为 $A_1\overline{A_2}\,\overline{A_3}\cup A_2\overline{A_1}\,\overline{A_3}\cup A_3\overline{A_2}\,\overline{A_1}$.

例 2　某小区的住户中 70% 有空调，60% 有计算机，40% 二者都有，现在任意采访一户，求：

(1) 至少有一样的概率；(2) 有空调而无计算机的概率；(3) 二者都没有的概率.

解　(1) 设 $A=\{$有空调$\}$，$B=\{$有计算机$\}$，则 $P(A)=0.7$，$P(B)=0.6$，$P(AB)=0.4$ 所以 $P(A\cup B)=P(A)+P(B)-P(AB)=0.7+0.6-0.4=0.9$.

(2) $P(A\overline{B})=P(A)-P(AB)=0.7-0.4=0.3$.

(3) $P(\overline{A}\,\overline{B})=P(\overline{A\cup B})=1-0.9=0.1$.

例 3　袋中有 3 个红球，2 个白球，每次任取一球，观察后放回，若连续取两次，试求

(1) 第一次取红球，第二次取白球的概率；

(2) 两次都取白球的概率.

解　设 $A_i=\{$第 i 次取到红球$\}$，$B_i=\{$第 i 次取到白球$\}$，$i=1,2$.

(1) $P(A_1B_2)=P(A_1)P(B_2\mid A_1)=\dfrac{3}{5}\times\dfrac{2}{5}=\dfrac{6}{25}$.

(2) $P(B_1B_2)=P(B_1)P(B_2\mid B_1)=\dfrac{2}{5}\times\dfrac{2}{5}=\dfrac{4}{25}$.

例 4　有 3 台车床加工同一型号的零件，第 1 台加工的次品率为 6%，第 2、3 台加工的次品率为 5%，加工出来的零件混放在一起. 已知第 1、2、3 台车床加工的零件数分别占总数的 25%、30%、45%，求

(1) 任取一个零件，计算它是次品的概率；

(2) 如果取到的零件是次品，计算它是第 $i(i=1,2,3)$ 台车床加工的概率.

解　设 $B=$“零件为次品”，$A_i=$“零件为第 i 台车床加工”$(i=1,2,3)$. 则 $\Omega=A_1\cup A_1\cup A_3$，且 A_1,A_2,A_3 两两互斥. 根据题意得 $P(A_1)=0.25$，$P(A_2)=0.3$，$P(A_3)=0.45$，$P(B\mid A_1)=0.06$，$P(B\mid A_2)=P(B\mid A_3)=0.05$.

(1) 由全概率公式，得 $P(B)=P(A_1)P(B\mid A_1)+P(A_2)P(B\mid A_2)+P(A_3)P(B\mid A_3)=0.052\,5$.

(2)“如果取到的零件是次品，计算它是第 $i(i=1,2,3)$ 台车床加工的概率”，就是计算在 B 发生的条件下，事件 A_i 发生的概率.

$$P(A_1\mid B)=\frac{P(A_1B)}{P(B)}=\frac{P(A_1)P(B\mid A_1)}{P(B)}=\frac{0.25\times 0.06}{0.052\,5}=\frac{2}{7},$$

类似地，可得 $P(A_2\mid B)=\dfrac{2}{7}$，$P(A_3\mid B)=\dfrac{3}{7}$.

例 5　在某次社会实践活动中，甲、乙两个班的同学共同在一社区进行民意调查. 参加活动的甲、乙两班的人数之比为 5∶3，其中甲班中女生占 $\dfrac{3}{5}$，乙班中女生占 $\dfrac{1}{3}$. 求该社区居民遇到一位进行民意调查的同学恰好是女生的概率.

解　如果用 A 与 $\overline{A}$ 分别表示居民所遇到的一位同学是甲班与乙班，B 表示是女生. 则根据已知条件，有 $P(A)=\dfrac{5}{8}$，$P(\overline{A})=\dfrac{3}{8}$，而且 $P(B\mid A)=\dfrac{3}{5}$，$P(B\mid\overline{A})=\dfrac{1}{3}$，题目要求 $P(B)$，由全

概率公式可知,

$$P(B)=P(A)P(B|A)+P(\bar{A})P(B|\bar{A})=\frac{5}{8}\times\frac{3}{5}+\frac{3}{8}\times\frac{1}{3}=\frac{1}{2}.$$

例 6　保险公司有 2 500 名同一年龄和同社会阶层的人参加了人寿保险,在一年中每个人死亡的概率为 0. 000 2,每个参加保险的人在 1 月 1 日应交 12 元的保险费,而在死亡时,家属可以从保险公司领到 2 000 元的赔付款,求

(1)保险公司亏本的概率;

(2)保险公司获利不少于 20 000 元的概率.

解　以"年"为单位考虑,保险公司的总收入为 30 000. 设 X 为一年中死亡人数,则 $X\sim B(2\,500,0.\,002)$.

(1)当 $2\,000X>30\,000$, $X>15$ 时,保险公司会亏本,其概率为

$$P(X>15)=\sum_{k=16}^{2\,500}C_{2\,500}^{k}(0.\,002)^{k}(1-0.\,002)^{2\,500-k}\approx 0.\,000\,069.$$

(2)$30\,000-2\,000X\geqslant 20\,000$, $X\leqslant 5$,其概率为

$$P(X\leqslant 5)=\sum_{k=0}^{5}C_{2\,500}^{k}(0.\,002)^{k}(1-0.\,002)^{2\,500-k}\approx 0.\,615\,961.$$

例 7　设某地区成年男子的身高 $X\sim N(170,36)$,某种公共汽车的车门高度是按成年男子碰头的概率在 1% 以下设计的,问车门的高度至少是多少(单位:cm).

解　先将 X 标准化,得 $Y=\frac{X-\mu}{\sigma}=\frac{X-170}{6}\sim N(0,1)$,设车门的高度为 x,则 $P(X\geqslant x)\leqslant 1\%$,即 $P\left(Y\geqslant\frac{x-170}{6}\right)=1-P\left(Y<\frac{x-170}{6}\right)=1-\Phi\left(\frac{x-170}{6}\right)\leqslant 0.\,01$,查表得,$x\geqslant 183.\,98\approx 184$,即车门的高度至少要设计为 184 cm.

例 8　某同学的学校离家仅一站路,她在公交车站候车时间为 X(min),X 服从指数分布,其概率密度函数为

$$f(x)=\begin{cases}\frac{1}{5}e^{-\frac{1}{5}x} & x>0\\ 0 & \text{其他}\end{cases}$$

该同学每天在车站候车 4 次,若每次候车时间超过 5 min,她就改为步行,求此同学在一天内步行次数恰好是 2 次的概率.

解　因为 $P(X>5)=\int_{5}^{+\infty}\frac{1}{5}e^{-\frac{1}{5}x}dx=e^{-1}$,设 Y 为一天内步行的次数,则 $Y\sim B\left(4,\frac{1}{e}\right)$,所以,$P(Y=2)=C_4^2\frac{1}{e^2}\left(1-\frac{1}{e}\right)^2\approx 0.\,32$,即此同学在一天内步行次数恰好是 2 次的概率约为 0. 32.

例 9　设某显像管厂生产一种规格的显像管使用寿命 X(h)的概率分布为

X	8 000	9 000	10 000	11 000	12 000
P	0. 1	0. 2	0. 3	0. 3	0. 1

求显像管使用寿命的数学期望和方差.

解　显像管使用寿命的数学期望为

$E(X)=8\ 000\times0.1+9\ 000\times0.2+10\ 000\times0.3+11\ 000\times0.3+12\ 000\times0.1=10\ 100$

显像管使用寿命的方差为

$$D(X)=E(X^2)-[E(X)]^2$$

$$E(X^2)=8\ 000^2\times0.1+9\ 000^2\times0.2+10\ 000^2\times0.3+11\ 000^2\times0.3+12\ 000^2\times0.1=103\ 300\ 000$$

$$[E(X)]^2=(10\ 100)^2=102\ 010\ 000$$

所以，$D(X)=E(X^2)-[E(X)]^2=1\ 290\ 000$.

例 10　某袋中装有大小相同质地均匀的 5 个球，其中 3 个黑球和 2 个白球. 从袋中随机取出 2 个球，记取出白球的个数为 X，

(1)求 $X>0$ 的概率即 $P(X>0)$；

(2)求取出白球的数学期望 $E(X)$ 和方差 $D(X)$.

解　(1)因为 $P(X=0)=\frac{C_3^2}{C_5^2}=\frac{3}{10}$，所以，$P(X>0)=1-P(X=0)=\frac{7}{10}$.

(2)因为 X 的可能取值为 0、1、2，又由于，

$$P(X=0)=\frac{C_3^2}{C_5^2}=\frac{3}{10},\ P(X=1)=\frac{C_3^1C_2^1}{C_5^2}=\frac{3}{5},\ P(X=2)=\frac{C_2^2}{C_5^2}=\frac{1}{10}.$$

所以 X 的分布列为：

X	0	1	2
P	$\frac{3}{10}$	$\frac{3}{5}$	$\frac{1}{10}$

所以，$E(X)=0\times\frac{3}{10}+1\times\frac{3}{5}+2\times\frac{1}{10}=\frac{4}{5}$，

$$D(X)=E(X^2)-[E(X)]^2=0\times\frac{3}{10}+1\times\frac{3}{5}+4\times\frac{1}{10}-\left(\frac{4}{5}\right)^2=\frac{9}{25}.$$

本章测试题及解答

本章测试题

1. 判断题

(　　)(1)设 A,B 为任意两个随机事件，则 $P(A)+P(B)\geqslant P(A\cup B)$.

(　　)(2)设 A,B 为任意两个随机事件，且 $A\supset B$，则 $P(AB)=P(A)$.

(　　)(3)设每次失败的概率为 p，则在 3 次独立重复试验中至少成功一次的概率为 $1-p^3$.

(　　)(4)已知 X 服从二项分布 $B(n,0.5)$，且 $D(X)=10$，那么 $E(X)$ 一定等于 20 .

(　　)(5)设 X,Y 为任意两个随机变量，则 $D(X-Y)=D(X)+D(Y)$.

2. 选择题

(1)某中学的学生积极参加体育锻炼，其中有 96% 的学生喜欢足球或游泳，60% 的学生喜

欢足球,82%的学生喜欢游泳,则该中学既喜欢足球又喜欢游泳的学生数占该校学生总数的比例是(　　).

A. 62%　　B. 56%　　C. 46%　　D. 42%

(2)在一组样本数据中,1、2、3、4 出现的频率分别为 p_1、p_2、p_3、p_4,且 $\sum_{i=1}^{4} p_i = 1$,则下面 4 种情形中,对应样本的标准差最大的一组是(　　).

A. $p_1 = p_4 = 0.1, p_2 = p_3 = 0.4$　　B. $p_1 = p_4 = 0.4, p_2 = p_3 = 0.1$

C. $p_1 = p_4 = 0.2, p_2 = p_3 = 0.3$　　D. $p_1 = p_4 = 0.3, p_2 = p_3 = 0.2$

(3)两位教师和两位学生排成一排拍合照,记 ξ 为两位学生中间的教师人数,则 $E(\xi) = ($　　$)$.

A. $\frac{1}{4}$　　B. $\frac{1}{3}$　　C. $\frac{2}{3}$　　D. $\frac{4}{3}$

(4)浙江新高考方案正式实施,一名同学要从物理、化学、生物、政治、地理、历史、技术七门功课中选取三门功课作为自己的选考科目,假设每门功课被选到的概率相等,则该同学选到物理、地理两门功课的概率为(　　).

A. $\frac{1}{7}$　　B. $\frac{1}{10}$　　C. $\frac{3}{20}$　　D. $\frac{3}{10}$

(5)孔子曰“三人行,必有我师焉.”从数学角度来看,这句话有深刻的哲理,古语说“三百六十行,行行出状元”,假设有甲、乙、丙三人中每一人,在每一行业中胜过孔圣人的概率为 1%,那么甲、乙、丙三人中至少一人在至少一行业中胜过孔圣人的概率为(　　).(参考数据:$0.99^{360} \approx 0.03, 0.01^{360} \approx 0, 0.97^3 \approx 0.912\ 673$)

A. 0.002 7%　　B. 99.997 3%　　C. 0　　D. 91.267 3%

(6)在区间 $[-1,4]$ 内任取一个实数 a,使得关于 x 的方程 $x^2 + 2 = a$ 有实数根的概率为(　　).

A. $\frac{2}{3}$　　B. $\frac{2}{5}$　　C. $\frac{3}{5}$　　D. $\frac{3}{4}$

(7)从 2 名男同学和 3 名女同学中任选 2 人参加社区服务,则选中的 2 人都是女同学的概率为(　　).

A. 0.6　　B. 0.5　　C. 0.4　　D. 0.3

(8)设随机变量 X 的密度函数 $f(x) = \begin{cases} kx^2 & 0 < x < 1 \\ 0 & \text{其他} \end{cases}$,则常数 k 的值为(　　).

A. 0　　B. 1　　C. 2　　D. 3

(9)设随机变量 X 服从正态分布 $N(1,4)$,则 $P(X \leqslant 1)$ 是(　　).

A. 小于 0.5　　B. 0.5　　C. 大于 0.5　　D. 无法判断

(10)设随机变量 X 的分布列为

X	0	2	4
p	$\frac{1}{4}$	a	$\frac{1}{4}$

则随机变量 X 的方差是(　　).

A. 4　　B. 1　　C. 2　　D. 3

3. 填空题

(1)已知随机变量 X 服从二项分布 $B(n,p)$,若 $E(X)=3, D(X)=2$,则 $p=$__________,$P(X=1)=$__________.

(2)已知随机变量 X 服从正态分布 $N(2,16)$,则 $E(X)=$__________,$D(X)=$__________.

(3)某人投篮的命中率为 0.6,他投篮 20 次,则恰好投中 12 次的概率为__________.

(4)设随机变量 X 的分布函数为 $F(x)=\begin{cases} a & x>0 \\ 0 & 其他 \end{cases}$,则常数 $a=$__________.

(5)如果函数 $f(x)=\begin{cases} ax^{-2} & x\geqslant 1 \\ 0 & 其他 \end{cases}$是某连续型随机变量 X 的概率密度函数,则常数 $a=$__________.

4. 解答题

(1)设 X 服从 $N(1,4)$,且 $\Phi(0.3)=0.617\ 9, \Phi(0.5)=0.691\ 5$,请计算 $P(0<X<1.6)$.

(2)已知 $P(A)=P(B)=\dfrac{1}{3}, P(A\mid B)=\dfrac{1}{6}$,请计算 $P(\overline{A}\,\overline{B})$.

(3)已知某学生走读所需时间服从正态分布 $N(45,25)$,如果上课时间为上午 8 时 30 分,某天该学生 7 时 50 分从家出发,请计算他迟到的概率.

本章测试题解答

1. (1)正确. 因为 $P(A)+P(B)-P(AB)=P(A\cup B)$,而 $P(AB)\geqslant 0$.

(2)错误. 因为 $A\supset B$,则 $P(AB)=P(B), P(A\cup B)=P(A)$.

(3)正确. 因为 3 次独立重复试验中全部失败的概率为 p^3,设事件 A 为"3 次独立重复试验中全部失败",事件 B 为"3 次独立重复试验中至少成功一次",则 $B=\overline{A}$,所以 $P(B)=1-P(A)=1-p^3$.

(4)正确. 因为 $D(X)=10=npq, p=0.5, q=0.5, E(X)=np=20$.

(5)错误. $D(X-Y)=D(X)+D(Y)$ 成立的条件是 X、Y 两个随机变量相互独立.

2. (1)C. 记"该中学学生喜欢足球"为事件 A,"该中学学生喜欢游泳"为事件 B,则"该中学学生喜欢足球或游泳"为事件 $A+B$,"该中学学生既喜欢足球又喜欢游泳"为事件 $A\cdot B$,则 $P(A)=0.6, P(B)=0.82, P(A+B)=0.96$,所以,$P(AB)=P(A)+P(B)-P(A+B)=0.6+0.82-0.96=0.46$. 所以该中学既喜欢足球又喜欢游泳的学生数占该校学生总数的比例为 46%,故选 C.

(2)B. 对于 A 选项,$E(X)=(1+4)\times 0.1+(2+3)\times 0.4=2.5$,方差为 $D(X)=(1-2.5)^2\times 0.1+(2-2.5)^2\times 0.4+(3-2.5)^2\times 0.4+(4-2.5)^2\times 0.1=0.65$;

对于 B 选项,$E(X)=(1+4)\times 0.4+(2+3)\times 0.1=2.5$,方差为 $D(X)=(1-2.5)^2\times 0.4+(2-2.5)^2\times 0.1+(3-2.5)^2\times 0.1+(4-2.5)^2\times 0.4=1.85$;

对于 C 选项,$E(X)=(1+4)\times 0.2+(2+3)\times 0.3=2.5$,方差为 $D(X)=(1-2.5)^2\times 0.2+(2-2.5)^2\times 0.3+(3-2.5)^2\times 0.3+(4-2.5)^2\times 0.2=1.05$;

对于 D 选项,$E(X)=(1+4)\times0.3+(2+3)\times0.2=2.5$,方差为 $D(X)=(1-2.5)^2\times0.3+(2-2.5)^2\times0.2+(3-2.5)^2\times0.2+(4-2.5)^2\times0.3=1.45$.

因此,B 选项这一组的标准差最大,故选 B.

(3)C. 根据题意,随机变量 ξ 的取值为 0,1,2,可得,

$$P(\xi=0)=\frac{2\times2+2\times2\times2}{A_4^4}=\frac{1}{2},P(\xi=1)=\frac{C_2^1A_2^2C_2^1}{A_4^4}=\frac{1}{3},P(\xi=2)=\frac{2\times2}{A_4^4}=\frac{1}{6}$$

所以,期望为 $E(\xi)=0\times\frac{1}{2}+1\times\frac{1}{3}+2\times\frac{1}{6}=\frac{2}{3}$,故选 C.

(4)A. 由题意可知,总的情况为 $C_7^3=35$,满足的情况为 $C_5^1=5$,所以该同学选到物理、地理两门功课的概率为 $P=\frac{5}{35}=\frac{1}{7}$.

(5)B. 因为一个人三百六十行全都不如孔圣人的概率为 $0.99^{360}\approx0.03$,所以三个人三百六十行都不如孔圣人的概率为 $0.03^3=0.000\,027$,所以至少一人在至少一行业中胜过孔圣人的概率为 $1-0.000\,027=0.999\,973=99.997\,3\%$. 故选 B.

(6)B. 若方程 $x^2+2=a$ 有实根,可知 $a-2\geqslant0$,即 $a\geqslant2$,那么 $p=\frac{4-2}{4-(-1)}=\frac{2}{5}$,故选 B.

(7)D. 2 名男同学和 3 名女同学,共 5 名同学,从中取出 2 人,有 $C_5^2=10$ 种情况,2 人都是女同学的情况有 $C_3^2=3$ 种,故选中的 2 人都是女同学的概率为 0.3.

(8)D. 因为随机变量 X 的密度函数为 $f(x)=\begin{cases}kx^2 & 0<x<1\\0 & 其他\end{cases}$,则有

$\int_{-\infty}^{+\infty}f(x)\mathrm{d}x=\int_0^1kx^2\mathrm{d}x=\frac{k}{3}=1$,所以,$k=3$,故选 D.

(9)B. 因为随机变量 X 服从参正态分布 $N(1,4)$,则 X 的密度函数图像关于 $x=1$ 对称,所以 $P(X\leqslant1)=0.5$,故选 B.

(10)C. 因为$\frac{1}{4}+a+\frac{1}{4}=1$,所以,$a=\frac{1}{2}$. 又,$E(X)=0\times\frac{1}{4}+2\times\frac{1}{2}+4\times\frac{1}{4}=2$,

$E(X^2)=0\times\frac{1}{4}+4\times\frac{1}{2}+16\times\frac{1}{4}=6$,所以,$D(X)=E(X^2)-[E(X)]^2=6-4=2$.

3. (1)$\frac{1}{3}$,$\frac{256}{2\,187}$. 因为随机变量 X 服从二项分布 $B(n,p)$,若 $E(X)=3$,$D(X)=2$,所以 $\begin{cases}np=3\\np(1-p)=2\end{cases}$,解得$\begin{cases}p=\frac{1}{3}\\n=9\end{cases}$,即随机变量 X 服从二项分布 $B\left(9,\frac{1}{3}\right)$. 所以,$P(X=1)=C_9^1\times\frac{1}{3}\times\left(\frac{2}{3}\right)^8=\frac{256}{2\,187}$.

(2)2,16. 因为随机变量 X 服从正态分布 $N(2,16)$,X 的数学期望是 2,方差是 16.

(3)$C_{20}^{12}(0.6)^{12}(0.4)^8$. 因为投篮的命中次数服从二项分布 $B(20,0.6)$,所以恰好投中 12 次的概率为 $C_{20}^{12}(0.6)^{12}(0.4)^8$.

(4)1. 因为 $\lim\limits_{x\to+\infty}F(x)=a=1$.

(5)1. 因为 $\int_{-\infty}^{+\infty}f(x)\mathrm{d}x=\int_1^{+\infty}ax^{-2}\mathrm{d}x=\left[-\frac{a}{x}\right]_1^{+\infty}=a=1$.

4. (1) 设 $Y=\frac{X-1}{2}$，则 Y 服从标准正态分布 $N(0,1)$.

所以，$P(0<X<1.6)=P\left(\frac{0-1}{2}<Y<\frac{1.6-1}{2}\right)=P(-0.5<Y<0.3)$.

又因为，$P(-0.5<Y<0.3)=\Phi(0.3)-\Phi(-0.5)$，而 $\Phi(-0.5)=1-\Phi(0.5)$

所以，$P(-0.5<Y<0.3)=\Phi(0.3)+\Phi(0.5)-1=0.309\,4$.

即，$P(0<X<1.6)=0.309\,4$.

(2) 因为 $P(AB)=P(B)P(A\mid B)=\frac{1}{18}$，$P(A\cup B)=P(B)+P(A)-P(AB)=\frac{11}{18}$，

又因为 $P(\overline{A}\,\overline{B})=P(\overline{A\cup B})=1-P(A\cup B)=1-\frac{11}{18}=\frac{7}{18}$，即 $P(\overline{A}\,\overline{B})=\frac{7}{18}$.

(3) 设某学生走读所需时间为 X，因为上课时间为上午 8 时 30 分，该学生 7 时 50 分从家出发，则 $X>40$ 时，该学生会迟到. 又知 X 服从正态分布 $N(45,25)$，则 $Y=\frac{X-45}{5}$ 服从标准正态分布. 又知　$P(X>40)=1-F(40)$.

又因为　$F(40)=\Phi\left(\frac{40-45}{5}\right)=\Phi(-1)$，$\Phi(-1)=1-\Phi(1)=1-0.841\,3=0.158\,7$.

所以，$P(X>40)=1-F(40)=\Phi(1)=0.841\,3$. 即该学生 7 时 50 分从家出发，他上课迟到的概率为 0.841 3.

第 9 章

数理统计初步

本章归纳与总结

一、内容提要

本章主要介绍总体与样本的概念、统计量的概念及其分布类型、常用分布的临界值;点估计的定义、评价标准、求点估计量的方法;参数区间估计的概念,假设检验的概念 、基本思想与方法,正态总体参数的假设检验.

1. 总体与样本

(1)总体. 研究对象的全体称为总体.

(2)个体. 组成总体的每一个研究对象称为个体.

(3)容量. 总体中所包含的个体的个数称为总体的容量.

(4)样本. 为了考察总体的某一数量指标,从总体中抽取 n 个个体来进行试验或观察,n 个个体称为来自总体的一个样本,n 称为样本容量.

2. 统计量

设 $X_1,X_2,\cdots,X_n$ 是来自总体的一个样本,$g(X_1,X_2,\cdots,X_n)$ 是一连续函数,且不包含任何未知参数,则称 $g(X_1,X_2,\cdots,X_n)$ 为统计量.

3. 常用统计量及其分布

(1)样本均值、样本方差.

设 $X_1,X_2,\cdots,X_n$ 是来自总体的一个样本,则统计量 $\overline{X}=\frac{1}{n}\sum_{i=1}^{n}X_i$ 称为样本均值;$S^2=\frac{1}{n-1}\sum_{i=1}^{n}(X_i-\overline{X})^2$ 称为样本方差.

(2)U 统计量及其分布.

设 $X_1,X_2,\cdots,X_n$ 是来自总体 $X\sim N(\mu,\sigma^2)$ 的一个样本,其中 μ,σ^2 是已知参数,$\overline{X}$ 为样本

均值,则称统计量 $U=\dfrac{\overline{X}-\mu}{\sigma/\sqrt{n}}$ 为 U 统计量.

定理1　设 $X_1,X_2,\cdots,X_n$ 是来自总体 $X\sim N(\mu,\sigma^2)$ 的一个样本,其中 μ,σ^2 是已知参数,$\overline{X}$ 为样本均值,则

①$\overline{X}=\dfrac{1}{n}\sum\limits_{i=1}^{n}X_i\sim N\left(\mu,\dfrac{\sigma^2}{n}\right)$;

②$U=\dfrac{\overline{X}-\mu}{\sigma/\sqrt{n}}\sim N(0,1)$.

(3)χ^2 分布.

设 $X_1,X_2,\cdots,X_n$ 是来自总体 $X\sim N(0,1)$ 的一个样本,则称统计量 $\chi^2=X_1^2+X_2^2+\cdots+X_n^2$ 为自由度为 n 的 χ^2 分布,χ^2 分布记作 $\chi^2\sim\chi^2(n)$.

定理2　设 $X_1,X_2,\cdots,X_n$ 是来自总体 $X\sim N(\mu,\sigma^2)$ 的一个样本,则

① 样本均值与样本方差相互独立;

② $\dfrac{(n-1)S^2}{\sigma^2}=\dfrac{1}{\sigma^2}\sum\limits_{i=1}^{n}(X_i-\overline{X})^2\sim\chi^2(n-1)$.

(4)t 分布.

设 $X\sim N(0,1)$,$Y\sim\chi^2(n)$,并且 X,Y 相互独立,则称统计量 $t=\dfrac{X}{\sqrt{Y/n}}$ 为自由度为 n 的 t 统计量.

定理3　设 $X_1,X_2,\cdots,X_n(n\geqslant 2)$ 是来自总体 $X\sim N(\mu,\sigma^2)$ 的一个样本,$\overline{X},S$ 分别表示样本均值和样本标准差,则统计量 $T=\dfrac{\overline{X}-\mu}{S/\sqrt{n}}\sim t(n-1)$.

4. 常用分布的临界值

(1)临界值的定义.

对于总体 X 和给定的正数 $\alpha(0<\alpha<1)$,称满足条件 $P(X>\lambda_\alpha)=\int_{\lambda_\alpha}^{+\infty}f(x)\,\mathrm{d}x=\alpha$ 的实数 λ_α 为 X 的分布的临界值.

(2)标准正态分布的临界值.

标准正态分布的临界值记为 u_α,$\Phi(u_\alpha)=1-\alpha$.

(3)χ^2 分布的临界值.

自由度为 n 的 χ^2 分布的临界值记为 $\chi_\alpha^2(n)$,查 χ^2 分布临界值表可以得到临界值 $\chi_\alpha^2(n)$.

(4)t 分布的临界值.

t 分布的临界值记为 $t_\alpha(n)$,通过查临界值表可以得到 $t_\alpha(n)$.

5. 点估计的概念

设 θ 是总体 X 的未知参数,$(X_1,X_2,\cdots,X_n)$ 是来自总体的一个样本,$(x_1,x_2,\cdots,x_n)$ 是样本值. 对参数 θ 作点估计,就是构造恰当的统计量 $\hat{\theta}(X_1,X_2,\cdots,X_n)$,用它的观测值 $\hat{\theta}(x_1,x_2,\cdots,x_n)$ 来估计未知参数,$\hat{\theta}(X_1,X_2,\cdots,X_n)$ 称为 θ 的估计量,$\hat{\theta}(x_1,x_2,\cdots,x_n)$ 称为 θ 的估计值. 这种用 $\hat{\theta}$ 对 θ 做的定值估计称为点估计.

6. 点估计的评价标准

(1)无偏性. 设 $\hat{\theta}(X_1,X_2,\cdots,X_n)$ 为 θ 的点估计,若 $E(\hat{\theta})=\theta$,称 $\hat{\theta}$ 为 θ 的无偏估计量.

(2)有效性. 设 $\hat{\theta}_1,\hat{\theta}_2$ 都是 θ 的无偏估计量,若 $D(\hat{\theta}_1)<D(\hat{\theta}_2)$,则称 $\hat{\theta}_1$ 比 $\hat{\theta}_2$ 有效.

7. 求点估计量的方法

以样本均值 $\overline{X}$ 作为总体均值 μ 的点估计量,即 $\hat{\mu}=\overline{X}=\frac{1}{n}\sum_{i=1}^{n}X_i$;$\hat{\mu}=\overline{x}=\frac{1}{n}\sum_{i=1}^{n}x_i$ 为 μ 的点估计值.

以样本方差 S^2 作为总体方差 σ^2 的点估计量,即 $\hat{\sigma}^2=S^2=\frac{1}{n-1}\sum_{i=1}^{n}(X_i-\overline{X})^2$;$\hat{\sigma}^2=s^2=\frac{1}{n-1}\sum_{i=1}^{n}(x_i-\overline{x})^2$ 为 σ^2 的点估计值.

8. 参数的区间估计

(1)区间估计的定义.

用来找出参数 θ 的一个可能的变化范围 $(\hat{\theta}_1,\hat{\theta}_2)$,并找到这个范围包含参数真值的可信度,这种形式的参数估计称为区间估计.

(2)置信区间.

设 θ 是总体 X 的未知参数,$(X_1,X_2,\cdots,X_n)$ 是来自总体的一个样本,对于给定的正数 $\alpha(0<\alpha<1)$,若存在统计量 $\hat{\theta}_1(X_1,X_2,\cdots,X_n)$ 和 $\hat{\theta}_2(X_1,X_2,\cdots,X_n)$,使得 $P(\hat{\theta}_1<\theta<\hat{\theta}_2)=1-\alpha$,称 $1-\alpha$ 为置信度,称区间 $(\hat{\theta}_1,\hat{\theta}_2)$ 为置信度为 $1-\alpha$ 的置信区间,α 为显著性水平.

9. 正态总体均值的区间估计

设总体 $X\sim N(\mu,\sigma^2)$,$(X_1,X_2,\cdots,X_n)$ 是来自总体 X 的样本.

(1)σ^2 已知,求 μ 的置信度为 $1-\alpha$ 的置信区间为

$$\left(\overline{X}-u_{\frac{\alpha}{2}}\cdot\frac{\sigma}{\sqrt{n}},\overline{X}+u_{\frac{\alpha}{2}}\cdot\frac{\sigma}{\sqrt{n}}\right).$$

(2)σ^2 未知,求 μ 的置信度为 $1-\alpha$ 的置信区间为

$$\left(\overline{X}-\frac{S}{\sqrt{n}}t_{\alpha}(n-1),\overline{X}+\frac{S}{\sqrt{n}}t_{\alpha}(n-1)\right).$$

10. 总体均值未知的正态总体方差的区间估计

方差 σ^2 的置信度为 $1-\alpha$ 的置信区间为

$$\left(\frac{(n-1)S^2}{\chi^2_{\frac{\alpha}{2}}(n-1)},\frac{(n-1)S^2}{\chi^2_{1-\frac{\alpha}{2}}(n-1)}\right).$$

11. 假设检验的概念

由样本值去分析、验证所给出的假设参数是否成立的做法,称为参数的假设检验.

12. 假设检验的基本思想方法

(1)先确定原假设和备择假设. 如果导致不合理现象发生,表明原假设不成立,因此拒绝原假设,否则接受原假设.

(2)小概率原理.

13. 假设检验的基本步骤

(1)根据实际问题提出原假设和备择假设;

(2)选取适当的统计量,并确定其概率分布;

(3)给定显著水平 α,找出临界值;

(4)根据样本值计算统计量的值,与临界值比较,从而做出判断.

14. 正态总体参数的假设检验

(1)已知方差 σ^2,检验假设 $H_0:\mu=\mu_0, H_1:\mu\neq\mu_0$,

①统计量 $U=\dfrac{\overline{X}-\mu_0}{\sigma/\sqrt{n}}$服从标准正态分布;

②若 $\alpha=0.05$,则 U 的拒绝域为$(-\infty,-1.96)\cup(1.96,+\infty)$;

③计算出 U 的值,看是否在拒绝域中,从而给出推断.

(2)已知方差 σ^2,检验假设 $H_0:\mu\leqslant\mu_0, H_1:\mu>\mu_0$,

①统计量 $U=\dfrac{\overline{X}-\mu_0}{\sigma/\sqrt{n}}$服从标准正态分布;

②若 $\alpha=0.05$,则 U 的拒绝域为$(1.65,+\infty)$;

③计算出 U 的值,看是否在拒绝域中,从而给出推断.

(3)已知方差 σ^2,检验假设 $H_0:\mu\geqslant\mu_0, H_1:\mu<\mu_0$,

①统计量 $U=\dfrac{\overline{X}-\mu_0}{\sigma/\sqrt{n}}$服从标准正态分布;

②若 $\alpha=0.05$,则 U 的拒绝域为$(-\infty,-u_\alpha)$,即$(-\infty,-1.65)$;

③计算出 U 的值,看是否在拒绝域中,从而给出推断.

(4)未知方差 σ^2,检验假设 $H_0:\mu=\mu_0, H_1:\mu\neq\mu_0$,

①统计量 $T=\dfrac{\overline{X}-\mu_0}{S/\sqrt{n}}$服从 $t(n-1)$分布;

②若 $\alpha=0.05$,则 T 的拒绝域为

$$\left(-\infty,-t_{\frac{\alpha}{2}}(n-1)\right)\cup\left(t_{\frac{\alpha}{2}}(n-1),+\infty\right);$$

③计算出 U 的值,看是否在拒绝域中,从而给出推断.

(5)未知方差 σ^2,检验假设 $H_0:\mu\geqslant\mu_0, H_1:\mu<\mu_0$,

①统计量 $T=\dfrac{\overline{X}-\mu_0}{S/\sqrt{n}}$服从 $t(n-1)$分布;

②若 $\alpha=0.05$,则 T 的拒绝域为$(-\infty,-t_\alpha(n-1))$;

③计算出 U 的值,看是否在拒绝域中,从而给出推断.

(6)未知方差 σ^2,检验假设 $H_0:\mu\leqslant\mu_0, H_1:\mu>\mu_0$,

①统计量 $T=\dfrac{\overline{X}-\mu_0}{S/\sqrt{n}}$服从 $t(n-1)$分布;

②若 $\alpha=0.05$,则 T 的拒绝域为$(t_\alpha(n-1),+\infty)$;

③计算出 U 的值,看是否在拒绝域中,从而给出推断.

(7)未知均值μ,检验假设$H_0:\sigma=\sigma_0,H_0:\sigma\neq\sigma_0$,

①统计量$\chi^2=\dfrac{(n-1)S^2}{\sigma^2}$,服从$\chi^2(n-1)$分布;

②若$\alpha=0.05$,则χ^2的拒绝域为

$$\left(-\infty,\chi^2_{1-\frac{\alpha}{2}}(n-1)\right)\cup\left(\chi^2_{\frac{\alpha}{2}}(n-1),+\infty\right);$$

③计算出U的值,判断是否在拒绝域中,从而给出推断.

二、重点与难点

1. 统计量的概念、常用统计量及其分布类型.
2. 常用分布的临界值的概念.
3. 点估计及区间估计的概念,置信区间的计算.
4. 假设检验中统计量的确定及拒绝域的计算.

典型例题解析

例1 设X_1,X_2,X_3,X_4是来自总体$N(20,9)$的一个样本,求
$P[\max(X_1,X_2,X_3,X_4)>24]$.

解 因为
$P[\max(X_1,X_2,X_3,X_4)>24]=1-P[\max(X_1,X_2,X_3,X_4)\leqslant 24]$,又

$$\begin{aligned}P[\max(X_1,X_2,X_3,X_4)>24]&=1-P[\max(X_1,X_2,X_3,X_4)\leqslant 24]\\&=1-P(X_1\leqslant 24,X_2\leqslant 24,X_3\leqslant 24,X_4\leqslant 24)\\&=1-[P(X\leqslant 24)]^4\\&=1-\left[\Phi\left(\frac{24-20}{3}\right)\right]^4=0.32.\end{aligned}$$

例2 设$X_1,X_2,\cdots,X_n$是来自总体$N(\mu,\sigma^2)$的一个样本,S^2为样本方差,求$E(S^2)$,$D(S^2)$.

解 因为统计量$\chi^2=\dfrac{(n-1)S^2}{\sigma^2}$服从$\chi^2(n-1)$分布. 于是

$$E\left[\frac{(n-1)S^2}{\sigma^2}\right]=n-1,D\left[\frac{(n-1)S^2}{\sigma^2}\right]=2(n-1),$$

所以,$E(S^2)=\sigma^2,D(S^2)=\dfrac{2\sigma^4}{n-1}$.

例3 设$X_1,X_2,\cdots,X_8$是来自总体$N(0,1)$的一个样本,求$P\left(\sum\limits_{i=1}^{8}X_i^2>a\right)=0.25$中$a$的值.

解 因为$X_1,X_2,\cdots,X_8$是来自总体$N(0,1)$的一个样本,所以
$\sum\limits_{i=1}^{8}X_i^2$服从$\chi^2(8)$,又$P\left(\sum\limits_{i=1}^{8}X_i^2>a\right)=0.25$,所以,
$a=\chi^2_{0.25}(8)=10.219$.

例 4　设 $X_1,X_2,\cdots,X_8$ 是来自总体 X 的一个样本，X 服从 $U[a,b]$，求未知参数 a,b 的矩估计.

解　因为 $f(x)=\frac{1}{b-a},a\leqslant x\leqslant b$，所以

$$E(X)=\int_a^b x\frac{1}{b-a}\mathrm{d}x=\frac{b+a}{2},$$

$$E(X^2)=\int_a^b x^2\frac{1}{b-a}\mathrm{d}x=\frac{b^2+ab+a^2}{3}$$

联立方程组

$$\begin{cases}\dfrac{a+b}{2}=\overline{X}\\ \dfrac{a^2+ab+b^2}{3}=\dfrac{1}{8}\sum\limits_{i=1}^{8}X_i^2\end{cases}$$

得，$\hat{a}=\overline{X}-\sqrt{\frac{3}{8}\sum\limits_{i=1}^{8}(X_i-\overline{X})^2}$，$\hat{b}=\overline{X}+\sqrt{\frac{3}{8}\sum\limits_{i=1}^{8}(X_i-\overline{X})^2}$.

例 5　完成生产线上某件工作的平均时间不少于 15 min，标准差为 3 min. 对随机抽选的 9 名职工讲授一种新方法，训练结束后，这 9 名职工完成这项工作的平均时间为 13 min，这是否说明新方法比原来的方法所用时间短，$\alpha=0.05$.

解　设用新方法所耗费的时间为 X，则 X 服从 $N(\mu,9)$.

(1)要检验的假设为：$H_0:\mu\geqslant 15$，$H_1:\mu<15$.

(2)选取统计量 $U=\frac{\overline{X}-\mu_0}{\sigma/\sqrt{n}}$，其观测值 $u=\frac{\bar{x}-15}{3/\sqrt{9}}=-2$.

(3)查正态分布表得，$u_{0.05}=1.65$. 由于 $u=-2<-1.65$.

(4)所以拒绝原假设，说明新方法比原来的方法所耗费的时间短.

例 6　完成生产线上某件工作的平均时间为 14.5 min，标准差为 3 min. 对随机抽选的 9 名职工讲授一种新方法，训练结束后，这 9 名职工完成这项工作的平均时间为 12.6 min，这是否说明用新方法比原来的方法所耗费的时间有显著差异，$\alpha=0.05$.

解　设用新方法所用时间为 X，则 X 服从 $N(\mu,9)$.

(1)要检验的假设为：$H_0:\mu=14.5$，$H_1:\mu\neq 14.5$.

(2)选取统计量 $U=\frac{\overline{X}-\mu_0}{\sigma/\sqrt{n}}$，其观测值 $u=\frac{\bar{x}-14.5}{3/\sqrt{9}}=-1.9$.

(3)查正态分布表得，$u_{0.025}=1.96$. 由于 $u=-1.9>-1.96$.

(4)所以接受原假设，说明新方法与原来的方法相比所耗费的时间没有差异.

例 7　完成生产线上某件工作的平均时间不超过 14.5 min，标准差为 3 min. 随机抽选 9 名新招职工，这 9 名职工完成这项工作的平均时间为 16.2 min，这是否说明新招职工比其他职工所用时间长，$\alpha=0.05$.

解　设用新招职工所用时间为 X，则 X 服从 $N(\mu,9)$.

(1)要检验的假设为：$H_0:\mu\leqslant 14.5$，$H_1:\mu>14.5$.

(2)选取统计量 $U=\frac{\overline{X}-\mu_0}{\sigma/\sqrt{n}}$，其观测值

$$u=\frac{\bar{x}-14.5}{3/\sqrt{9}}=1.7.$$

(3)查正态分布表得，$u_{0.05}=1.65$.

(4)由于 $u=1.7>1.65$，所以拒绝原假设，说明新招职工比其他职工所用时间长.

例 8 某汽车轮胎厂声称，该厂一等品轮胎的平均寿命至少为 25 000 km，现抽取 16 个样本，得到平均值和标准差分别为 24 000 km 和 2 500 km. 请问这组实验数据是否提供了充分的证据否定厂家的标准，$\alpha=0.05$.

解 设轮胎使用寿命为 X，则 X 近似服从 $N(\mu,\sigma^2)$.

(1)检验的假设为：$H_0:\mu\geqslant 15$，$H_1:\mu<15$.

(2)选取统计量 $T=\dfrac{\bar{X}-\mu_0}{S/\sqrt{n}}$，其观测值

$$t=\frac{24\ 000-25\ 000}{2\ 500/\sqrt{16}}=-1.6 \quad .$$

(3)查正态分布表得，$t_{0.05}(15)=1.753$.

(4)由于 $t=-1.6>-1.753$，所以接受原假设，说明这组实验数据没有提供充分的证据否定厂家的标准.

例 9 已知钢丝折断强度服从正态分布 $N(\mu,169)$，随机抽取 16 根钢丝测得它们的平均折断强度为 574 kg，求 μ 的 0.95 置信区间.

解 因为 $\sigma=\sqrt{169}=13$，$\bar{x}=574$，$1-\alpha=0.95$，查表得，$u_{0.025}=1.96$，所以

μ 的 0.95 置信区间为$(574-1.96\times 13/4,574+1.96\times 13/4)$.

故可得置信区间为$(567.63,580.37)$.

例 10 某项考试要求成绩的标准差为 12，现从考试成绩单中任意抽取 15 份，计算样本标准差为 16，设成绩服从正态分布，问此次考试的标准差是否符合要求，$\alpha=0.05$.

解 (1)检验假设：$H_0:\sigma=12$，$H_1:\sigma\neq 12$.

(2)取统计量$\chi^2=\dfrac{(n-1)S^2}{\sigma^2}$，则$\chi^2$ 服从$\chi^2(14)$，计算出

$$\chi^2=\frac{14\times 16^2}{12^2}=24.89.$$

(3)查表得，$\chi^2_{0.025}(14)=26.119$，$\chi^2_{0.975}(14)=5.629$.

(4)所以接受域为$(5.629,26.119)$，故接受原假设，即此次考试的标准差符合要求.

本章测试题及解答

本章测试题

1. 判断题

(　　)(1)设 X 服从正态分布 $N(\mu,\sigma^2)$，其中 μ 未知，σ^2 已知，$X_1,X_2,\cdots,X_n$ 为其样本，则 $X_1+X_2+\cdots+X_n+\sigma^2$ 为统计量.

(　　)(2)设 X 服从正态分布 $N(\mu,\sigma^2)$,其中 μ 未知,σ^2 已知,$X_1,X_2,\cdots,X_n$ 为其样本,则 $X_1+X_2+\cdots+X_n+\mu$ 为统计量.

(　　)(3)设随机变量 X 和 Y 都服从标准正态分布,且相互独立,则 X^2+Y^2 服从 $\chi^2(2)$ 分布.

(　　)(4)设 $X_1,X_2,\cdots,X_n$ 是来自总体 $N(\mu,\sigma^2)$ 的样本,则 $\frac{1}{n}\sum_{i=1}^{n}X_i$ 是 μ 的无偏估计量.

(　　)(5)在假设检验中,显著性水平 α 是在 H_0 成立的条件下,拒绝 H_0 的概率为 $1-\alpha$.

2. 选择题

(1)下列关于统计量的描述错误的是(　　).

A. 统计量是样本的函数　　B. 统计量表达式中不含未知参数

C. 无偏估计量是统计量　　D. 统计量为一个固定值

(2)设随机变量 X 和 Y 都服从标准正态分布,且相互独立,则下列说法正确的是(　　).

A. $X+Y$ 服从正态分布　　B. $X+Y$ 服从标准正态分布

C. $X+Y$ 不服从正态分布　　D. $X-Y$ 服从标准正态分布

(3)设随机变量 T 服从 $t(n)$,若 $P(|T|>a)=\alpha$,则 $P(T\leqslant a)=($　　$)$.

A. $1-\frac{\alpha}{2}$　　B. $1-\alpha$　　C. $\frac{1-\alpha}{2}$　　D. $1-2\alpha$

(4)设 $X_1,X_2,\cdots,X_5$ 是来自总体 $N(0,2^2)$ 的样本,则下列各式中正确的是(　　).

A. $\frac{1}{2}\sum_{i=1}^{5}X_i^2$ 服从 $\chi^2(5)$　　B. $\frac{1}{4}\sum_{i=1}^{5}X_i^2$ 服从 $\chi^2(5)$

C. $\frac{1}{4}\sum_{i=1}^{5}X_i^2$ 服从 $\chi^2(4)$　　D. $\frac{1}{2}\sum_{i=1}^{5}X_i^2$ 服从 $\chi^2(4)$

(5)设 $X_1,X_2,\cdots,X_5$ 是来自总体 $N(0,2^2)$ 的样本,则样本方差为(　　).

A. $\frac{1}{5}\sum_{i=1}^{5}(X_i-\overline{X})^2$　　B. $\frac{1}{25}\sum_{i=1}^{5}(X_i-\overline{X})^2$

C. $\frac{1}{4}\sum_{i=1}^{5}(X_i-\overline{X})^2$　　D. $\frac{1}{16}\sum_{i=1}^{5}(X_i-\overline{X})^2$

(6)设 X_1,X_2,X_3 是来自总体 X 的样本,则下列统计量为总体均值的无偏估计量的是(　　).

A. $\frac{X_1+X_2+X_3}{3}$　　B. $\frac{X_1+X_2+X_3}{4}$

C. $\frac{X_1+X_2}{3}$　　D. $\frac{X_1+X_3}{3}$

(7)设 X_1,X_2,X_3 是来自总体 $N(0,1)$ 的样本,则下列统计量中方差最小的是(　　).

A. $\frac{X_1}{2}+\frac{X_3}{2}$　　B. $\frac{X_1}{4}+\frac{X_2}{2}+\frac{X_3}{4}$

C. $\frac{3X_1}{4}+\frac{X_3}{4}$　　D. $\frac{X_1+X_2+X_3}{3}$

(8)检验 $X_1,X_2,\cdots,X_n$ 是不是来自总体 $N(\mu_0,\sigma^2)$ 的样本,当 σ^2 未知时,下列关于假设检验的说法正确的是(　　).

A. $H_0:\mu=\mu_0,H_1:\mu<\mu_0$

B. $H_0:\mu=\mu_0,H_1:\mu\neq\mu_0$

C. 统计量用 $U=\dfrac{\overline{X}-\mu_0}{\sigma/\sqrt{n}}$

D. 统计量用 $U=\dfrac{\overline{X}-\mu_0}{\sigma/n}$

(9)检验 $X_1,X_2,\cdots,X_n$ 是不是来自总体 $N(\mu,2^2)$ 的样本，$\overline{X}$ 为样本均值，则 μ 的置信度为 $1-\alpha(0<\alpha<1)$ 的置信区间是(　　).

A. $(-\overline{X},\overline{X})$

B. $\left(\overline{X}-u_\alpha\dfrac{2}{\sqrt{n}},\overline{X}+u_\alpha\dfrac{2}{\sqrt{n}}\right)$

C. $\left(\overline{X}-u_{\frac{\alpha}{2}}\dfrac{2}{\sqrt{n}},\overline{X}+u_{\frac{\alpha}{2}}\dfrac{2}{\sqrt{n}}\right)$

D. $\left(\overline{X}-u_{1-\alpha}\dfrac{2}{\sqrt{n}},\overline{X}+u_\alpha\dfrac{2}{\sqrt{n}}\right)$

(10)设 $X_1,X_2,\cdots,X_n$ 是来自总体 $N(0,1)$ 的样本，$\overline{X}$ 为样本均值，S 为样本标准差，则下列正确的是(　　).

A. $\overline{X}\sim N(0,1)$

B. $n\overline{X}\sim N(0,1)$

C. $\sum\limits_{i=1}^{n}X_i^2\sim\chi^2(n)$

D. $\overline{X}/S\sim t(n)$

3. 填空题

(1)t 分布的密度函数图像关于________对称.

(2)设 $X_1,X_2,\cdots,X_5$ 是来自总体 $N(1,16)$ 的样本，$\overline{X}$ 为样本均值，S 为样本标准差，则 $\dfrac{S^2}{4}$ 服从自由度为________的________分布.

(3)设 $X\sim N(0,1)$，$Y\sim\chi^2(n)$，则统计量 $\dfrac{X}{\sqrt{Y/n}}$ 服从自由度为________的________分布.

(4)当检验统计量在某个区域取值时，拒绝原假设，则称该区域为________.

(5)设 X_1,X_2,X_3,X_4 是来自总体 $N(1,16)$ 的样本，$\overline{X}$ 为样本均值，则 $\overline{X}$ 服从________.

4. 解答题

(1)设总体 X 服从 $N(80,400)$，从总体中抽取一个容量为 100 的样本，问样本均值与总体均值之差的绝对值大于 2 的概率是多少.

(2)设总体 X 服从 $N(20,40)$，从总体中抽取一个容量为 10 的样本 $X_1,X_2,\cdots,X_{10}$，设 $\overline{X}$ 为样本均值，问 $P(\overline{X}>u)=0.025$ 的 u 值.

(3)设某次考试的考生成绩服从正态分布，从中随机抽取 25 位考生的成绩，算得平均成绩为 64 分，方差为 225. 问在显著水平 0.05 下，是否可以认为这次考试全体考生的平均成绩为 70 分.

本章测试题解答

1. (1)正确. 统计量是样本的函数，但其中不包含未知参数，因为 σ^2 已知，所以正确.

(2)错误. 因为 μ 为未知参数，而 $X_1+X_2+\cdots+X_n+\mu$ 包含了未知参数，所以错误.

(3)正确. 因为χ^2 分布具有可加性，X^2 服从$\chi^2(1)$，Y^2 服从$\chi^2(1)$所以 X^2+Y^2 服从$\chi^2(2)$.

(4)正确. 因为 $E\left(\dfrac{1}{n}\sum\limits_{i=1}^{n}X_i\right)=\dfrac{1}{n}E\left(\sum\limits_{i=1}^{n}X_i\right)=\mu$，所以正确.

(5)错误. 显著性水平 α 是在 H_0 成立的条件下，拒绝 H_0 的概率为 α.

2. (1) D. 因为由统计量的定义知,统计量为样本的函数,它不是一个固定的值.

(2) A. 随机变量 X 和 Y 都服从标准正态分布,则 $X+Y$ 服从 $N(0,2)$ 的正态分布,$X-Y$ 服从 $N(0,2)$ 的正态分布,所以选 A.

(3) A. 因为 $t(n)$ 的密度函数关于 y 轴对称,若 $P(|T|>a)=\alpha$,则 $P(T>a)=\dfrac{\alpha}{2}$,所以 $P(T\leqslant a)=1-\dfrac{\alpha}{2}$.

(4) B. $X_1,X_2,\cdots,X_5$ 是来自总体 $N(0,2^2)$ 的样本,则 $\dfrac{X_i}{2}$ 服从标准正态分布,$\left(\dfrac{X_i}{2}\right)^2$ 服从 $\chi^2(1)$,所以 $\dfrac{1}{4}\sum\limits_{i=1}^{5}X_i^2$ 服从 $\chi^2(5)$,选 B.

(5) C. 样本方差 $S^2=\dfrac{1}{n-1}\sum\limits_{i=1}^{n}(X_i-\overline{X})^2$,所以选 C.

(6) A. 因为 $E\left(\dfrac{X_1+X_2+X_3}{3}\right)=\dfrac{1}{3}E(X_1+X_2+X_3)=E(X)$,

$E\left(\dfrac{X_1+X_2+X_3}{4}\right)=\dfrac{1}{4}E(X_1+X_2+X_3)=\dfrac{3}{4}E(X)$,

$E\left(\dfrac{X_1+X_2}{3}\right)=\dfrac{1}{3}E(X_1+X_2)=\dfrac{2}{3}E(X)$,

$E\left(\dfrac{X_1+X_3}{3}\right)=\dfrac{1}{3}E(X_1+X_3)=\dfrac{2}{3}E(X)$,故选 A.

(7) D. 对于 A,$D\left(\dfrac{X_1}{2}+\dfrac{X_3}{2}\right)=\dfrac{1}{4}D(X_1)+\dfrac{1}{4}D(X_2)=\dfrac{1}{2}$,

$D\left(\dfrac{X_1}{4}+\dfrac{X_2}{2}+\dfrac{X_3}{4}\right)=\dfrac{1}{16}+\dfrac{1}{4}+\dfrac{1}{16}=\dfrac{3}{8}$,$D\left(\dfrac{3X_1}{4}+\dfrac{X_3}{4}\right)=\dfrac{5}{8}$,

$D\left(\dfrac{X_1+X_2+X_3}{3}\right)=\dfrac{1}{3}$.

(8) B. 因为当 σ^2 未知时,应选用 T 统计量,所以 C,D 均错误,检验假设中与 $\mu=\mu_0$ 对应的备择假设应是 $H_1:\mu\neq\mu_0$,所以 B 选项正确.

(9) C. 因为方差已知,计算正态分布均值的置信区间应选 $U=\dfrac{\overline{X}-\mu}{\sigma/\sqrt{n}}$,而 U 服从标准正态分布,密度函数关于 y 轴对称,由置信区间的定义,即满足 $P\left(\left|\dfrac{\overline{X}-\mu}{\sigma/\sqrt{n}}\right|\leqslant u_{\frac{\alpha}{2}}\right)=1-\alpha$ 的 μ,所以 C 正确.

(10) C. 因为 $\overline{X}\sim N(0,1/n)$,$n\overline{X}\sim N(0,n)$,

$\dfrac{\overline{X}}{S/\sqrt{n}}\sim t(n-1)$,所以 A,B,D 都错误,C 正确.

3. (1) y 轴.

(2) 4,χ^2. 因为 $X_1,X_2,\cdots,X_5$ 是来自总体 $N(1,16)$ 的样本,由定理知 $\dfrac{(n-1)S^2}{\sigma^2}=$

$\frac{(5-1)S^2}{16}=\frac{S^2}{4}$服从自由度为 4 的$\chi^2$ 分布.

(3)n,t. 因为 $X\sim N(0,1)$,$Y\sim \chi^2(n)$,由定理知统计量$\frac{X}{\sqrt{Y/n}}$服从自由度为 n 的 t 分布.

(4)拒绝域.

(5)$N(1,4)$. $X_1,X_2,\cdots,X_4$ 是来自总体 $N(1,16)$的样本,$\overline{X}$ 为样本均值,则 $E(\overline{X})=1$,$D(\overline{X})=\frac{16}{4}=4$,所以 $\overline{X}$ 服从 $N(1,4)$.

4. (1)X 服从 $N(80,400)$,从总体中抽取一个容量为 100 的样本,设 $\overline{X}$ 为样本均值,则 $E(\overline{X})=80$,$D(\overline{X})=\frac{400}{100}=4$. 所以,$\overline{X}$ 服从 $N(80,4)$,则$\frac{\overline{X}-80}{2}$服从标准正态分布 $N(0,1)$.

又 $P(|\overline{X}-80|>2)=P\left(\frac{|\overline{X}-80|}{2}>1\right)=2[1-\Phi(1)]=0.3174$. 所以,样本均值与总体均值之差的绝对值大于 2 的概率是 0. 317 4.

(2)因为 X 服从 $N(20,40)$,从总体中抽取一个容量为 10 的样本 $X_1,X_2,\cdots,X_{10}$,则样本均值 $\overline{X}$ 服从 $N(20,4)$,所以$\frac{\overline{X}-20}{2}$服从标准正态分布 $N(0,1)$. 则通过查表可得,

$$P\left(\frac{\overline{X}-20}{2}>1.96\right)=0.025.$$

由此可得,$P(\overline{X}>23.92)=0.025$. 即,$P(\overline{X}>u)=0.025$ 的 u 值为 23. 92.

(3)由题意知,样本容量为 $n=25$,样本均值 $\overline{X}$ 为 64,样本标准差 $S=15$. 由于总体方差未知,故选用 $T=\frac{\overline{X}-\mu_0}{S/\sqrt{n}}$为检验统计量,并作出假设,$H_0:\mu=70$,$H_1:\mu\neq70$,计算出统计量的实际值 $t=\frac{64-70}{15/5}=-2$,经过查表知 $t_{0.025}(24)=2.064$. 由于 $t=-2>-2.064$,故接受原假设. 即在显著水平 0. 05 下,可以认为这次考试全体考生的平均成绩为 70 分.

参考文献

[1] 刘明忠,叶俊,黄长琴.大学应用数学[M].北京:北京邮电大学出版社,2017.
[2] 侯云畅,冯有前,刘卫江,等.高等数学:上册[M].3 版.北京:高等教育出版社,2020.
[3] 盛骤,谢式千,潘承毅.概率论与数理统计[M].5 版.北京:高等教育出版社,2020.
[4] 齐淑华,刘强,丁淑妍,等.概率论与数理统计[M].北京:清华大学出版社,2019.
[5] 侯风波.高等数学[M].5 版.北京:高等教育出版社,2018.
[6] 骈俊生.高等数学:上册[M].2 版.北京:高等教育出版社,2018.
[7] 张志军,熊德之,杨雪帆.经济数学基础微积分[M].北京:科学出版社,2011.
[8] 张忠诚,伍建华.高等数学:上册[M].北京:科学出版社,2011.
[9]《运筹学》教材编写组.运筹学[M].4 版.北京:清华大学出版社,2013.
[10] 胡运权.运筹学基础及应用[M].6 版.北京:高等教育出版社,2014.